Modelli decisionali per la produzione, la logistica e i servizi energetici

Roberto Pinto · Maria Teresa Vespucci

Modelli decisionali per la produzione, la logistica e i servizi energetici

Roberto Pinto
Dipartimento di Ingegneria industriale
Università degli Studi di Bergamo

Maria Teresa Vespucci
Dipartimento di Ingegneria
dell'informazione e metodi matematici
Università degli Studi di Bergamo

UNITEXT – Collana di Ingegneria
ISSN versione cartacea: 2038-5749

ISSN elettronico: 2038-5773

ISBN 978-88-470-1790-0
DOI 10.1007/978-88-470-1791-7

ISBN 978-88-470-1791-7 (eBook)

Springer Milan Dordrecht Heidelberg London New York

© Springer-Verlag Italia 2011

Quest'opera è protetta dalla legge sul diritto d'autore e la sua riproduzione è ammessa solo ed esclusivamente nei limiti stabiliti dalla stessa. Le fotocopie per uso personale possono essere effettuate nei limiti del 15% di ciascun volume dietro pagamento alla SIAE del compenso previsto dall'art. 68. Le riproduzioni per uso non personale e/o oltre il limite del 15% potranno avvenire solo a seguito di specifica autorizzazione rilasciata da AIDRO, Corso di Porta Romana n. 108, Milano 20122, e-mail segreteria@aidro.org e sito web www.aidro.org.
Tutti i diritti, in particolare quelli relativi alla traduzione, alla ristampa, all'utilizzo di illustrazioni e tabelle, alla citazione orale, alla trasmissione radiofonica o televisiva, alla registrazione su microfilm o in database, o alla riproduzione in qualsiasi altra forma (stampata o elettronica) rimangono riservati anche nel caso di utilizzo parziale. La violazione delle norme comporta le sanzioni previste dalla legge.

L'utilizzo in questa pubblicazione di denominazioni generiche, nomi commerciali, marchi registrati, ecc. anche se non specificatamente identificati, non implica che tali denominazioni o marchi non siano protetti dalle relative leggi e regolamenti.

9 8 7 6 5 4 3 2 1

Layout copertina: Beatrice B., Milano
Immagine di copertina: Nanni Valentini, *Le soglie*, 1979-80, terracotta greificata, collezione privata. Riproduzione per gentile concessione dell'Archivio Nanni Valentini

Impaginazione: PTP-Berlin, Protago T_EX-Production GmbH, Germany (www.ptp-berlin.eu)
Stampa: Grafiche Porpora, Segrate (MI)

Springer-Verlag Italia S.r.l., Via Decembrio 28, I-20137 Milano
Springer-Verlag fa parte di Springer Science+Business Media (www.springer.com)

Indice

Prefazione IX

Notazione XIII

Parte I Modelli per la produzione e la logistica

1 Progettazione della rete logistica 3
   1.1 Descrizione del caso 6
   1.2 Formulazione di un modello con numero di siti non noto 7
       1.2.1 Estensione del modello con inclusione del vincolo di capacità dei siti 11
   1.3 Formulazione di un modello con numero di siti noto 12
       1.3.1 Formulazione del modello *p-median* 12
       1.3.2 Formulazione del modello *p-cover* 13
       1.3.3 Formulazione del modello *p-center* 15
   1.4 Considerazioni conclusive 16

2 Pianificazione multi-sito della produzione 19
   2.1 Descrizione del caso 20
   2.2 Formulazione del modello 23
   2.3 Estensioni del modello 27
       2.3.1 Costo di attivazione di un sito produttivo 27
       2.3.2 Espansione della capacità produttiva 29
   2.4 Considerazioni conclusive 30

3 Programmazione multi-periodo della produzione 33
   3.1 Descrizione del caso 35
   3.2 Formulazione del modello 38
   3.3 Estensioni del modello 44
       3.3.1 Eliminazione del *backlog* per alcuni prodotti 44

VI   Indice

        3.3.2   Incompatibilità tra leghe 45
        3.3.3   Opportunità di raggruppamento 47
        3.3.4   Imposizione di un vincolo "condizionale" 48
   3.4   Considerazioni conclusive 49

4 Programmazione della produzione con attrezzature configurabili 51
   4.1   Descrizione del caso 52
   4.2   Formulazione del modello 55
   4.3   Estensioni del modello 59
        4.3.1   Vincoli di saturazione minima e massima 59
        4.3.2   Tempo massimo per l'approntamento degli stampi 60
        4.3.3   *Lead time* di preparazione degli stampi 61
        4.3.4   *Setup* della macchina in tempo non mascherato 62
   4.4   Considerazioni conclusive 63

5 Schedulazione e bilanciamento di un reparto produttivo ... 65
   5.1   Tipologie di sistema produttivo 67
   5.2   Obiettivi della schedulazione 68
   5.3   Formulazione del problema di schedulazione su singola macchina 70
        5.3.1   Formulazione con variabili *completion time* 70
        5.3.2   Formulazione tramite variabili posizionali e di assegnamento 72
   5.4   Descrizione del caso 73
   5.5   Formulazione del modello 75
        5.5.1   Linearizzazione della funzione obiettivo 78
   5.6   Estensioni del modello 79
        5.6.1   Bilanciamento con possibilità di ritardo 80
   5.7   Considerazioni conclusive 82

6 Gestione delle attività di distribuzione e trasporto 83
   6.1   Il *Vehicle Routing Problem* 84
   6.2   Il problema dell'assegnamento: il *Bin Packing Problem* 86
   6.3   Il problema del percorso minimo: il *Traveling Salesman Problem* 87
   6.4   Descrizione del caso 91
   6.5   Formulazione del modello 91
   6.6   Estensioni del modello 94
        6.6.1   Introduzione dei vincoli di capacità 94
        6.6.2   Introduzione di ulteriori vincoli 95
   6.7   Considerazioni conclusive 96

Parte II Modelli per la gestione dei servizi energetici

7 Programmazione della produzione di energia elettrica 99
  7.1 Programmazione annuale delle risorse di produzione idroelettrica 100
  7.2 Vincoli per la programmazione degli impianti termoelettrici ... 104
  7.3 Programmazione settimanale delle risorse idrotermoelettriche per un produttore *price taker* 109
  7.4 Programmazione settimanale delle risorse idrotermoelettriche per un produttore *price maker* 113
  7.5 Coordinamento della produzione giornaliera di impianti idroelettrici ed eolici 117

8 Programmazione della produzione di una microrete di cogenerazione 121
  8.1 Modello per la gestione ottimizzata dell'impianto 122
  8.2 Procedura euristica per istanze di grandi dimensioni 129
  8.3 Dimensionamento e valutazione economica di un sistema di cogenerazione 131

9 Modelli per la vendita al dettaglio del gas naturale 133
  9.1 Il modello deterministico 135

Bibliografia 143

Indice analitico 147

Prefazione

La necessità di elaborare modelli della realtà è insita nell'uomo. Di fronte alla complessità della natura e dei fenomeni fisici, spinto dal desiderio di indagare e comprendere i misteri che lo circondano, l'uomo ha maturato l'esigenza di tradurre questi elementi in qualcosa di più "maneggevole" che potesse essere usato, da una parte, per spiegare l'ambiente in cui vive e, dall'altra, per poter sperimentare e sviluppare nuova conoscenza e nuovo sapere. Ecco dunque nascere *modelli* in grado di fungere da rappresentazione sintetica della realtà, espressi in forma fisica – come il modello in scala di una costruzione – o concettuale – come un modello matematico.

Oggi l'utilizzo di modelli, fisici o concettuali, è imprescindibile per lo sviluppo dell'innovazione in campo scientifico, tecnologico e manageriale. In particolare, l'utilizzo di modelli matematici per la rappresentazione della realtà e per la ricerca di soluzioni a problemi complessi ha assunto un ruolo fondamentale in molti contesti, nell'ambito dello sviluppo di strumenti di supporto alle decisioni.

D'altra parte, la sensazione che prevale quando ci troviamo ad esporre questi concetti, sia ai nostri studenti che ad interlocutori del mondo aziendale e professionale, è quella di un certo scetticismo: spesso, il formalismo del linguaggio matematico e l'apparente astrattezza delle applicazioni sembra incutere un timore forse eccessivo, culminante in un rifiuto dello stesso e di tutte le possibilità ad esso correlate. Come risultato, pur riconoscendo la necessità di un supporto quantitativo ai processi decisionali, molte aziende fanno affidamento a mezzi e approcci inadeguati a sfruttare tutto il potenziale di un approccio rigoroso e strutturato, ancorché complesso.

Anche per questo motivo abbiamo deciso di intraprendere l'impegnativo cammino che ha portato all'edizione di quest'opera: per realizzare un tentativo di trasmettere in modo graduale e didattico, attraverso il riferimento a problemi reali e concreti, un metodo analitico fondato sull'astrattezza della rappresentazione matematica.

Quest'opera è ulteriormente motivata dal fatto che esistono molti ottimi libri che trattano la programmazione matematica (e, in particolare, la programmazione lineare) ma, tra questi, non sono molti i testi che trattano nello specifico il tema della *modellazione dei problemi*, ossia le modalità e le tecniche da adottare sia in termini generali che, soprattutto, in situazioni specifiche che richiedono rappresentazioni peculiari degli elementi del problema.

Soprattutto, non sono molti i testi che partono da problemi concreti, i quali sono caratterizzati non solo da elementi che formeranno variabili e parametri del modello, ma anche da un insieme di elementi al contorno che contestualizzano il problema stesso e che, pur non apparendo nel modello finale, ne influenzano la struttura e l'implementazione.

Come detto, tema di fondo è la modellazione dei problemi. Pertanto, non ci soffermeremo sugli algoritmi risolutivi, ampiamente trattati in altre opere e disponibili in diversi pacchetti *software* facilmente reperibili; focalizzeremo invece la nostra attenzione sugli aspetti modellistici, presentando dei casi di studio reali e la relativa traduzione in modello quantitativo atto a soddisfare le specifiche esigenze.

Il libro, oltre a proporre modelli di riferimento, vuole promuovere la comprensione degli stessi e degli approcci formali ad essi collegati attraverso costanti riferimenti a reali pratiche di pianificazione e gestione.

In sintesi, gli obiettivi principali che ci siamo posti sono:

- presentare modelli di ottimizzazione tratti o ispirati da casi di studio concreti nell'ambito industriale, manifatturiero e logistico;
- illustrare alcuni dei principali approcci di modellazione matematica ai problemi di rilevanza industriale;
- costituire materiale didattico integrativo per corsi a livello universitario ed avanzato.

I casi costituiscono a tutti gli effetti una sorta di pretesto per introdurre i modelli e le tecniche modellistiche; essi pertanto non sono da intendersi come "ricette" di soluzioni pronte all'uso, ma piuttosto come una possibile istanza di un problema reale da cui eventualmente trarre ispirazione per successivi adattamenti alla propria realtà o al proprio specifico caso. Lasciamo al lettore il compito di declinare i contenuti di questo libro in strumenti operativi adatti al proprio contesto.

Struttura dell'opera

Il libro è organizzato in due parti. Nella prima parte sono collezionati casi di studio relativi all'ambito logistico e produttivo, il cui scopo principale consiste nell'introdurre le tecniche di modellazione fondamentali. I modelli contenuti in questa prima parte sono sia di programmazione lineare sia di programmazione intera e mista in campo deterministico, e sono stati scritti con una prevalente finalità didattica e propedeutica alla comprensione dei modelli illustrati nella seconda parte.

Nella seconda parte sono riportati casi di studio relativi all'ambito dei servizi energetici. Abbiamo deciso di includere nella seconda parte modelli aventi caratteristiche più orientate alla ricerca che alla didattica, con lo scopo di introdurre approcci più complessi e articolati – pur sempre riferiti a situazioni reali – e alcuni aspetti avanzati come la programmazione stocastica. In questa seconda parte, inoltre, si farà riferimento diretto ad alcuni metodi risolutivi adottati per la concreta risoluzione del modello presentato.

Al termine del libro è riportata una breve bibliografia (in parte referenziata direttamente nel libro) che, senza alcuna pretesa di completezza ed esaustività, riporta alcuni contributi di letteratura che abbiamo ritenuto importanti per approfondire gli argomenti presentati nel libro.

La struttura del libro è stata concepita e realizzata congiuntamente: solo a noi, in qualità di autori, sono da attribuire eventuali mancanze o inesattezze nei contenuti. Per quanto riguarda la stesura dei singoli capitoli, Roberto Pinto ha curato la prima parte del libro (Capp. 1-6), mentre Maria Teresa Vespucci ha curato la seconda parte (Capp. 7-9).

Destinatari del libro

I contenuti presentati originano da esperienze concrete di analisi e modellazione di problemi, svolte negli anni nei nostri rispettivi ambiti di interesse. Il carattere multidisciplinare che emerge dall'unione dei nostri diversi *background* ambisce a coniugare le esigenze di un pubblico molto ampio attraverso un taglio divulgativo e rigoroso, adatto sia ad un pubblico accademico che manageriale.

I testi dei casi e le descrizioni dei modelli sono stati concepiti e realizzati avendo come riferimento un pubblico variegato, che spazia dagli studenti dei corsi universitari ai manager di aziende di qualsiasi dimensione, interessati a comprendere il ruolo che un approccio quantitativo può avere nell'affrontare problemi decisionali complessi.

Nei nostri intenti, il libro si rivolge:

- agli studenti universitari del triennio e della magistrale delle Facoltà di Ingegneria (corsi di laurea in Ingegneria Gestionale ed Informatica *in primis*) e di Economia. L'intento è di fornire esempi concreti di modellazione dei problemi in grado di sostanziare le parte teorica relativa alla programmazione matematica e ai processi decisionali;
- agli studenti di corsi MBA, corsi di formazione post-universitari e allievi di corsi di dottorato in Logistica e Supply Chain Management, per i quali rappresenta un punto di riferimento per la modellazione di problemi complessi;
- ai manager e ai professionisti operanti in aziende manifatturiere o di servizi, per i quali rappresenta un'introduzione sulle potenzialità e limiti dell'approccio analitico e quantitativo basato sulla programmazione matematica.

L'auspicio è di riuscire ad illustrare a tutti i destinatari, sinteticamente ma efficacemente, esempi di modellazione riferiti a casi concreti, affinché il lettore possa individuare gli aspetti più interessanti per la propria realtà e, sperabilmente, applicarli.

Ringraziamenti

In conclusione, desideriamo rivolgere un ringraziamento collettivo a tutte le persone che, a vario titolo, hanno contribuito alla realizzazione di quest'opera. Particolare menzione va senza dubbio ai nostri rispettivi familiari, i quali hanno in qualche modo compartecipato alle fatiche ad essa dedicate.

Bergamo, marzo 2011

Roberto Pinto
Maria Teresa Vespucci

Notazione

$\forall$	Quantificatore universale
$\exists$	Quantificatore esistenziale
$\in$	Appartenenza
$\|U\|$	Cardinalità dell'insieme U
$\emptyset$	Insieme vuoto
$\cup$	Unione di insiemi
$\cap$	Intersezione di insiemi
$\subseteq$	Sottoinsieme
$\subset$	Sottoinsieme proprio
$\times$	Prodotto fattoriale
$\equiv$	Equivalente
$\neq$	Diverso da

Per quanto riguarda la notazione tipografica per le variabili e i parametri, tra le varie opzioni disponibili abbiamo deciso di rappresentarne gli indici come pedici e generalmente senza separatori; in questo modo, una variabile x con indici i e j verrà rappresentata come x_{ij}. In alcuni casi specifici, quando la rappresentazione senza separatori degli indici potrebbe ingenerare confusione, si utilizzerà la virgola, come ad esempio $x_{i,j-1}$.

Parte I

Modelli per la produzione e la logistica

1
Progettazione della rete logistica

I moderni sistemi industriali, molto attenti all'ottimizzazione delle risorse per ridurre i costi e conseguire maggiori profitti, sono spesso caratterizzati da una marcata frammentazione delle attività tra più attori nella filiera (o, usando un termine ormai entrato nel lessico comune, *supply chain*) e da una dispersione geografica dei siti in cui tali attività vengono realizzate.

La frammentazione delle attività, ottenuta anche tramite il ricorso all'*outsourcing*, consente alle aziende di focalizzarsi sul proprio *core business*, ossia su quell'insieme di attività a valore aggiunto che permettono il raggiungimento degli obiettivi del *business*. Parallelamente, la dispersione geografica deriva dalla ricerca dei costi più competitivi, spesso conseguibili in aree meno industrializzate e lontane. Come risultato, in molti contesti industriali le aree di maggior produzione non coincidono con le aree di maggior consumo, situazione che si traduce a sua volta in un sempre maggior bisogno di efficienti servizi di trasporto e di pianificazione.

Queste scelte, di natura strategica, hanno immancabilmente un riflesso sul sistema logistico, definito come l'insieme dei siti produttivi e di stoccaggio (o, in breve, *facilities*) connessi tramite opportuni sistemi di trasporto, che realizza il flusso fisico delle merci dai produttori al mercato finale. Un sistema logistico è un'infrastruttura spesso complessa, che coinvolge numerosi attori – produttori, fornitori, centri di stoccaggio e di distribuzione, punti vendita, terzisti – ed è animata da un intenso scambio di flussi di varia origine e natura.

L'organizzazione e la gestione di questa struttura, più o meno articolata che sia, pone diversi quesiti e problemi al *management*; tra questi, le decisioni relative alla struttura fisica di una *supply chain* sono estremamente importanti per il futuro della singola azienda e del *network* in generale. Il problema della localizzazione dei siti del sistema logistico (*facility location problem*) gioca quindi un ruolo critico nella progettazione e configurazione strategica della *supply chain*.

Le decisioni di localizzazione rientrano nell'ambito della gestione di medio-lungo periodo, in quanto implicano decisioni di investimento che si dispiegano su diversi anni. L'obiettivo è determinare la tipologia, l'ubicazione e le dimensioni dei nodi logistici, decisioni che possono implicare l'apertura di nuove *facility* o lo spostamento o dismissione di *facility* già esistenti.

Pinto R., Vespucci M.T.: Modelli decisionali per la produzione, la logistica e i servizi energetici. © Springer-Verlag Italia 2011

Nella progettazione di un sistema logistico esistono alcuni *trade-off* di cui è necessario tenere conto. Ad esempio, se da un lato un aumento del numero di siti di stoccaggio e distribuzione può rappresentare la leva più idonea per conseguire un incremento del livello di servizio (dovuto alla riduzione della lunghezza dei percorsi di distribuzione), dall'altro può comportare un aumento dei costi di mantenimento a scorta (a causa, ad esempio, del maggior volume di scorte di ciclo e di sicurezza predisposte per far fronte all'incertezza della domanda, un aumento dei costi indiretti e un maggior onere dei costi di trasporto primario dai siti produttivi ai siti di stoccaggio).

L'obiettivo generale a livello strategico consiste nel minimizzare il costo logistico totale, espresso come somma dei costi di attivazione/disattivazione, stoccaggio, trasporto e servizio al cliente, su un orizzonte di tempo medio-lungo. In questo capitolo tratteremo problemi di *network location*, ossia problemi nei quali il sistema logistico e il mercato da servire possono essere descritti come una rete di nodi (siti produttivi/distributivi e aree cliente) connessi da archi, che rappresentano rotte di trasporto idealizzate tra coppie di nodi. Ogni nodo può essere caratterizzato da una capacità produttiva/distributiva o da una domanda, mentre ogni arco è caratterizzato da una quantità di volta in volta interpretabile come costo di trasporto, distanza, ecc.

Il numero di possibili *location* per l'apertura dei siti distributivi è limitato a tutti o ad alcuni dei nodi della rete, mentre non è possibile considerare ulteriori nodi oltre quelli che costituiscono la rete. Tale ipotesi elimina la necessità di tutte le informazioni di natura geografica (coordinate della localizzazione, struttura del territorio circostante, ecc.) e conserva soltanto informazioni sulle connessioni tra i diversi nodi. Problemi nei quali i siti possono essere invece aperti in qualsiasi punto nello spazio, pur essendo trattati in letteratura, esulano dagli obiettivi del presente capitolo.

In alcuni settori, le decisioni di localizzazione non possono prescindere da quelle di *allocazione dei clienti* (o della domanda) ai diversi nodi. In altre parole, un problema fortemente connesso a quello della localizzazione dei siti del sistema logistico consiste nel definire i nodi cliente che ogni nodo dovrà servire. L'allocazione della domanda, in particolare, è possibile in quei contesti dove è l'azienda a definire quale cliente servire da quale sito distributivo (si parla in questo caso di *customer allocation*), a differenza dei casi in cui è il cliente a decidere da quale sito farsi servire (*customer choice*).

I problemi di *facility location* possono essere a prodotto singolo (*single-commodity*) e multi-prodotto (*multi-commodity*). Il modello a prodotto singolo fornisce un'efficace rappresentazione di tutti quei problemi di localizzazione per i quali i costi di produzione e distribuzione, il prezzo di vendita al dettaglio e tutti gli altri parametri caratteristici dei prodotti forniti dalla rete di servizio possono essere considerati approssimativamente uguali senza inficiare la significatività del modello. Di conseguenza, i modelli a prodotto singolo si adattano bene al carattere strategico dei problemi di localizzazione.

Nel caso si trascuri il limite imposto dalla capacità produttiva o di immagazzinamento avremo modelli non capacitati. Tali modelli, pur essendo in generale poco realistici, hanno una struttura matematica più semplice che consente una più accurata analisi delle loro proprietà strutturali e, di conseguenza, la definizione di semplici ed efficienti algoritmi di soluzione. Inoltre, tali algoritmi sono spesso facilmente generalizzabili al caso con capacità finita.

I criteri di decisione da adottare variano a seconda che si faccia riferimento a un'azienda industriale oppure a una di servizi. Per esempio, nel dimensionamento degli impianti di un'azienda manifatturiera occorre tenere presente soprattutto le necessità segnalate dalla produzione, nonché il fatto che la domanda è relativa ad un prodotto fisico la cui produzione, trasporto e consumo possono essere dilazionati nel tempo. Nel caso di un'azienda servizi, le necessità primarie da tenere in considerazione sono quelle determinate dal marketing e dal fatto che l'erogazione e il consumo di un servizio sono temporalmente coincidenti.

Tali decisioni si presentano naturalmente nei casi in cui sia necessario disegnare un sistema logistico da "prato verde", ma scaturiscono anche allorquando sia necessario ristrutturare un sistema logistico preesistente in occasione di un cambio di strategia aziendale, dell'introduzione di un nuovo prodotto, dell'ingresso in un nuovo mercato e via dicendo.

Esistono diversi approcci alla localizzazione, in funzione dello scopo che ci si prefigge e dei vincoli da considerare. Un primo scopo consiste nella determinazione del numero ottimale di siti da attivare, in funzione dei costi di attivazione e di trasporto che tali scelte determinano. In altri casi, tale numero viene dato come un parametro del problema, definito a priori in base ad una serie di considerazioni di diversa natura (dal livello di servizio all'investimento economico). In sintesi, gli scopi principali sono:

- Determinazione del numero di nodi da attivare e localizzare, con o senza contemporanea allocazione dei clienti agli stessi.
- Attivazione di un numero predefinito di nodi, con allocazione dei clienti agli stessi siti in funzione di diversi obiettivi. In genere, l'obiettivo della localizzazione a livello strategico consiste nel minimizzare la somma dei costi di trasporto, ipotizzati proporzionali alla distanza di viaggio tra le aree cliente e il nodo attivo più vicino. Esistono anche altri obiettivi che determinano la formulazione di diversi problemi, tra i quali i più importanti sono:
  – modelli che minimizzano la somma (pesata) delle distanze tra i siti di distribuzione e i siti cliente (*p-median problem*);
  – modelli che massimizzano la domanda "coperta" dai siti (*p-cover problem*);
  – modelli che minimizzano la massima distanza dei siti cliente dal nodo attivo più vicino (*p-center problem*).

Illustriamo ora i vari modelli attraverso l'analisi di un caso di studio e di alcune sue varianti.

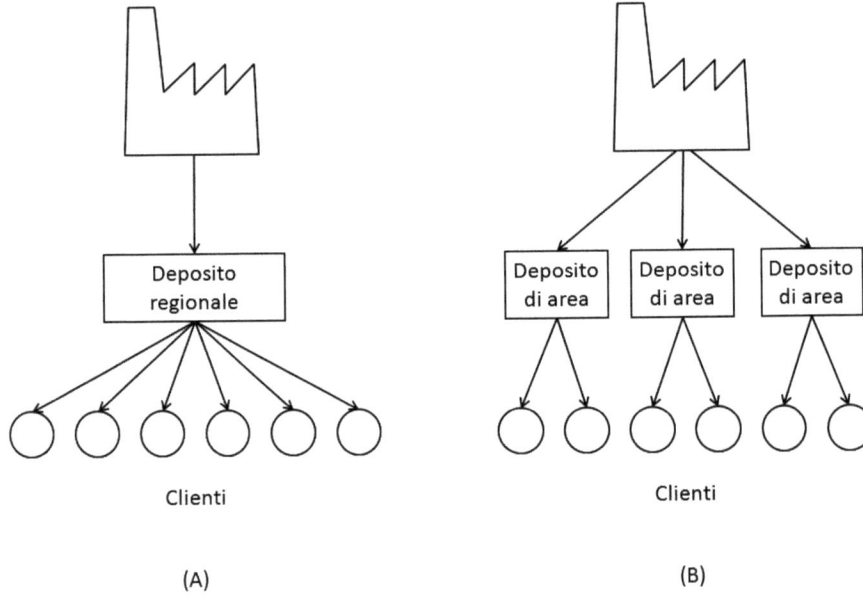

Fig. 1.1. Evoluzione del *network* da concentrato (A) a decentrato (B)

1.1 Descrizione del caso

Si consideri il caso di un'azienda, operante nel settore alimentare, che commercializza i propri prodotti su scala nazionale. Avviata su scala prevalentemente locale, l'azienda ha fino ad oggi distribuito i propri prodotti alla rete di vendita, perlopiù circoscritta alla regione in cui essa opera, attraverso un unico magazzino verso il quale confluisce la produzione dell'unico stabilimento attualmente operativo.

La strategia messa in atto negli ultimi anni ha permesso all'azienda di penetrare altre aree di mercato, incrementando la propria presenza commerciale e, al contempo, aumentando in modo significativo la propria capacità produttiva. Ad oggi, raggiunto un livello quasi nazionale, si impone all'attenzione del *management* la necessità di riconsiderare le scelte logistiche operate in passato (quando la distribuzione avveniva su scala poco più che locale), con l'obiettivo di consolidare la propria presenza nel mercato a fronte delle spinte competitive provenienti dalla concorrenza.

Il *management* ha quindi deciso di rifocalizzare la strategia distributiva su un sistema decentrato, composto da più magazzini periferici dislocati sul territorio (Fig. 1.1), serviti attraverso viaggi frequenti dall'impianto di produzione.

Definito questo obiettivo, e prima di dare il via alla fase esecutiva, il *management* ha necessità di effettuare un'analisi preliminare di alto livello rivolta alla valutazione di diversi aspetti, quali il numero di magazzini da attivare, la loro localizzazione e quali clienti servire a partire da ognuno di essi.

Poiché l'analisi preliminare viene condotta a livello strategico, sono state assunte le seguenti ipotesi:

- La disponibilità di prodotto presso i magazzini periferici sarà assicurata dalla frequenza dei viaggi di rifornimento dall'impianto produttivo. Per quanto evidenziato in precedenza, la capacità produttiva è stata aumentata significativamente negli ultimi anni, tanto da non rappresentare un vincolo sul medio-lungo periodo. In definitiva, i nuovi centri distributivi possono essere considerati, per gli obiettivi dello studio preliminare, a capacità infinita.
- I clienti, rappresentati da punti vendita al dettaglio (prevalentemente supermercati), sono stati preventivamente aggregati per vicinanza geografica. Alcuni clienti costituiscono un'area a sé stante, data l'entità della domanda che manifestano. Le aree cliente sono tutte disgiunte (ogni cliente appartiene ad una sola area).
- Operando a livello strategico, si considereranno i soli flussi logistici dai depositi locali alle aree clienti, trascurando la determinazione delle modalità di trasporto e della reale frequenza di consegna. Si considererà un costo medio di trasporto, proporzionale alla distanza tra i siti e indipendente dal metodo di trasporto (gomma, ferrovia, ecc.).

Nel prossimo paragrafo presentiamo diverse formulazioni del modello in termini di programma matematico, ipotizzando dapprima la necessità di determinare il numero di siti da attivare e, successivamente, imponendo tale numero come parametro del problema.

1.2 Formulazione di un modello con numero di siti non noto

La prima formulazione che presentiamo assume che il numero di siti da localizzare (magazzini) non sia noto a priori, ma rappresenti una variabile del modello che deve essere soggetta al processo di ottimizzazione vincolata.

Ulteriore ipotesi che poniamo in questa prima versione del modello consiste nel non considerare alcun vincolo di capacità dei magazzini. Seppure tale ipotesi possa apparire eccessivamente lontana dalla realtà, essa permette di ottenere una soluzione ideale da confrontare con le successive soluzioni basate sulla presenza di vincoli di capacità (tratteremo i vincoli di capacità come estensione del modello base nel Paragrafo 1.2.1).

Il modello che presentiamo è conosciuto con il nome di *Uncapacitated Facility Location Problem* (*UFLP*) ed è un modello che consente di determinare simultaneamente quanti siti produttivi/distributivi attivare, la rispettiva localizzazione e quali clienti servire da ognuno di essi, minimizzando una funzione obiettivo composta essenzialmente da due elementi: il costo di attivazione dei siti e il costo di trasporto dai nodi dove sono localizzati i magazzini ai nodi cliente dove si manifesta la domanda. Il termine *uncapacitated* fa chiaramente riferimento al fatto che i magazzini sono considerati a capacità infinita.

Per la formulazione del modello utilizzeremo la seguente notazione.

Parametri e variabili

- U Insieme dei nodi della rete su cui il problema è formulato. Per semplicità, ipotizziamo esista un arco che unisca ogni coppia (i,j) di nodi in U.
- $I \subseteq U$ Insieme dei nodi della rete candidati per l'apertura di un magazzino di area.
- $J \subseteq U$ Insieme dei nodi della rete dove sono localizzate le aree clienti da servire (punti di generazione della domanda). Ogni area cliente può rappresentare sia aggregazioni di clienti localizzati nella medesima zona geografica (tale da rendere trascurabile il costo di trasporto dall'uno all'altro) sia singoli clienti. Possiamo ipotizzare che gli insiemi I e J coincidano in tutto o in parte, ma tale ipotesi non è necessaria alla corretta formulazione del problema (sebbene possa contribuire a semplificarne la notazione).
- D_j Domanda presso l'area cliente situata nel nodo j. Nel caso di aggregazioni di clienti, la domanda D_j sarà data dalla somma dei singoli contributi derivanti dai clienti afferenti all'area j-esima.
- K_i Costo di attivazione/apertura di un magazzino di distribuzione nel nodo i. In questo caso, il costo di attivazione è considerato dipendente dalla zona in cui il nodo viene attivato. La formulazione resta valida anche nel caso in cui il costo sia indipendente dalla localizzazione ($K_i = K \ \forall i \in I$).
- c_{ij} Costo unitario di trasporto dal nodo i al nodo j. Tale costo può esprimere sia un costo monetario sia una distanza geografica. L'interpretazione di questo parametro dipende dall'obiettivo del problema, il quale consiste generalmente nella minimizzazione del costo, ma potrebbe in alcuni casi richiedere la minimizzazione delle distanze. Poiché interpretare c_{ij} come una distanza introdurrebbe un'incongruenza nella funzione obiettivo, a causa della presenza, come si vedrà a breve, del costo di apertura impianto, è preferibile interpretare c_{ij} come costo effettivo del trasporto tra due nodi della rete. Si noti inoltre che, ponendo c_{ij} pari ad un numero molto elevato per particolari coppie di i e j, è possibile indicare quegli archi che, nella realtà, non sono percorribili. Infatti, poiché l'obiettivo è di minimizzare i costi, tali archi verranno difficilmente selezionati.
- A Numero massimo di magazzini attivabili. Questo parametro può essere omesso assumendo $A = |I|$ (oppure $A = |U|$ nel caso sia possibile attivare un magazzino in qualsiasi nodo della rete).

1.2 Formulazione di un modello con numero di siti non noto

Le risposte che vogliamo ottenere dalla formulazione e risoluzione del modello consistono nel numero di magazzini da attivare, nella relativa localizzazione e nell'allocazione delle aree cliente ai magazzini stessi. Per ottenere tali risposte sono necessarie le seguenti variabili:

- x_{ij} Variabile continua che rappresenta la quantità di domanda manifestata dal nodo j soddisfatta tramite un trasferimento dal nodo i. Chiaramente, l'area cliente j sarà allocata al nodo i tale per cui $x_{ij} > 0$.
- y_i Variabile binaria che rappresenta la decisione di attivazione di un magazzino nel nodo i. Il nodo i-esimo si dirà *attivo* se, nella soluzione, $y_i = 1$.

Funzione obiettivo

L'obiettivo generale del problema consiste nel minimizzare il costo totale Z_{UFLP}, costituito dai costi di attivazione dei magazzini e di trasporto verso le aree di domanda, a fronte delle decisioni di localizzazione adottate. Infatti, come verificabile dall'analisi dei parametri, il costo di apertura di un impianto, così come i costi di trasporto, dipendono dalla scelta di localizzazione adottata. Il costo totale è quindi espresso nel seguente modo:

$$Z_{UFLP} = \min \sum_{i \in I} \sum_{j \in J} c_{ij} \cdot x_{ij} + \sum_{i \in I} K_i \cdot y_i \qquad (1.1)$$

o, alternativamente,

$$Z_{UFLP} = \min \sum_{(i,j) \in U \times U} c_{ij} \cdot x_{ij} + \sum_{i \in U} K_i \cdot y_i, \qquad (1.2)$$

dove con (i,j) indichiamo l'arco orientato che da i va verso j.

Come già accennato in precedenza, per garantire una congruenza nel risultato finale, è opportuno che le unità di misura delle due componenti della funzione obiettivo siano omogenee e confrontabili.

Vincoli

Considerando il problema *UFLP* i vincoli sono sostanzialmente due: è necessario garantire il soddisfacimento della domanda dei clienti e limitare (superiormente e/o inferiormente, se richiesto) il numero di nodi da attivare.

Per quanto riguarda il soddisfacimento della domanda, il vincolo si esprime come segue:

$$\sum_{i \in I} x_{ij} = D_j \qquad \forall j \in J. \qquad (1.3)$$

In altre parole, presa in considerazione un generico nodo $\tilde{j}$, la somma dei flussi entranti in $\tilde{j}$ provenienti dagli altri nodi in I deve essere pari alla domanda del nodo $D_{\tilde{j}}$. Con questa formulazione del vincolo stiamo implicitamente consentendo che un'area cliente possa essere servita da più siti distributivi simultaneamente (torneremo più avanti su questo punto).

Chiaramente, il nodo i potrà servire le aree di domanda se, e solo se, in i è attivo un magazzino, e quindi se $y_i=1$.

Formalmente dobbiamo dunque imporre il seguente vincolo:

$$x_{ij} \leq y_i \cdot M \qquad \forall i \in I, j \in J, \tag{1.4}$$

dove M è un numero grande (detto *big M*), scelto in modo tale da rappresentare un *upper bound* per la variabile x e non essere dunque vincolante. Infatti, se il nodo i non è attivo, si avrà $y_i = 0$, che imporrà di conseguenza $x_{ij} = 0$. Se, d'altra parte, il nodo i è attivo ($y_i = 1$), allora x_{ij} deve poter assumere qualsiasi valore maggiore di 0. Il vincolo (1.4) permette di realizzare proprio questa condizione.

Ai fini pratici possiamo semplicemente porre $M = \sum_{j \in J} D_j$. Occorre notare però come, in particolari problemi, la scelta del valore di M sia particolarmente critica per la risoluzione[1]. Per evitarne l'utilizzo in questo caso, osserviamo come sia possibile semplificare il vincolo (1.4) eliminando il ricorso a tale numero. Infatti, ridefinendo la variabile x_{ij} come frazione della domanda D_j servita dal nodo i, possiamo riformulare il vincolo (1.4) semplicemente come:

$$x_{ij} \leq y_i \qquad \forall i \in I, j \in J, \tag{1.5}$$

mentre la funzione obiettivo (1.1) diventerà:

$$Z'_{UFLP} = \min \sum_{i \in I} \sum_{j \in J} c_{ij} \cdot x_{ij} \cdot D_j + \sum_{i \in I} K_i \cdot y_i. \tag{1.6}$$

Infatti, in questo caso, x_{ij} sarà un numero compreso tra 0 e 1 e, di conseguenza, non sarà più necessario ricorrere all'utilizzo del numero M. È necessario sottolineare come, seppure evitabile in questo caso, il ricorso alla formulazione tramite *big M* sia, in altri casi, imprescindibile.

Riguardo alla seconda tipologia di vincoli, nel caso si voglia limitare superiormente il numero di magazzini attivabili, è possibile ricorrere alla seguente formulazione che sfrutta come un contatore la natura binaria della variabile y:

$$\sum_{i \in I} y_i \leq A. \tag{1.7}$$

Infatti, la sommatoria dei valori di y rappresenta, a tutti gli effetti, il numero di nodi attivati. Nel caso tale vincolo venga omesso, il problema assume implicitamente un numero massimo di siti attivabili pari al numero di siti candidati $|I|$.

La formulazione del problema è quindi completata dagli usuali vincoli di non negatività delle variabili. Nel caso della prima formulazione basata

---

[1] Si veda, per esempio, [34].

sull'utilizzo di M, i vincoli si esprimono come segue:

$$x_{ij} \geq 0 \quad \forall i \in I, j \in J,$$
$$y_i \in \{0,1\} \quad \forall i \in I. \tag{1.8}$$

Nel caso, invece, in cui si adotti la formulazione senza il ricorso a M, il vincolo sulla variabile x diventa:

$$x_{ij} \in [0,1] \quad \forall i \in I, j \in J. \tag{1.9}$$

Ad una prima lettura, il modello proposto – di programmazione lineare misto, a causa della presenza delle variabili binarie y – assume la possibilità di servire ogni nodo cliente da più nodi attivi, ognuno dei quali fornisce una quantità x_{ij}, interpretata come quantità o frazione di domanda.

Il modello può essere facilmente modificato imponendo il vincolo di servire ogni nodo cliente da un singolo magazzino; infatti è sufficiente modificare il vincolo (1.9) nel seguente modo:

$$x_{ij} \in \{0,1\} \quad \forall i \in I, j \in J. \tag{1.10}$$

In questo modo il problema diventa binario puro e la soluzione prevede di servire ogni cliente dal nodo attivo ad esso più vicino.

In realtà, tale modifica al vincolo non è necessaria nel caso in cui la capacità dei magazzini sia infinita; sotto tale condizione, infatti, nella soluzione ottimale ogni cliente viene servito da un solo nodo. Tale risultato è, invero, piuttosto intuitivo: infatti, se un nodo cliente viene servito da più magazzini, sarà sempre possibile aggregare le quantità erogate da ognuno di essi su un solo nodo, poiché questi non hanno limiti di capacità.

Chiaramente, questa proprietà non è invece generalmente valida nel caso di capacità limitata, come discusso nel prossimo paragrafo.

1.2.1 Estensione del modello con inclusione del vincolo di capacità dei siti

L'estensione più immediata del modello UFLP consiste nell'imporre un limite alla capacità dei magazzini; ciascun nodo sarà quindi caratterizzato da una capacità massima di erogazione pari a B. Tale valore può dipendere dallo specifico nodo considerato, ad esempio per tener conto di particolari, ulteriori vincoli che limitano la capacità del nodo (dalle infrastrutture logistiche di trasporto alla disponibilità di spazio fisico per lo stoccaggio); di conseguenza, considereremo un parametro indicizzato B_i.

Evidentemente, affinché esista una soluzione ammissibile in cui tutta la domanda sia soddisfatta, come imposto dal precedente vincolo (1.3), dovremo avere una capacità disponibile nel sistema maggiore o uguale alla domanda totale, ossia:

$$\sum_{i \in I} B_i \geq \sum_{j \in J} D_j. \tag{1.11}$$

Come anticipato in conclusione del paragrafo precedente, una delle principali differenze tra il modello con capacità e il modello senza capacità risiede nella rinuncia alla condizione che un cliente debba essere servito da un solo impianto. Infatti, nel modello con capacità è possibile che un cliente veda soddisfatta la propria domanda venendo servito da più di un nodo tra quelli attivati. Questo significa che, una volta scelto l'insieme dei nodi da attivare, l'allocazione dei clienti agli stessi non è immediata ma richiede la soluzione di un ulteriore problema di programmazione lineare.

Il modello UFLP nella versione con *big M* viene quindi modificato includendo il seguente vincolo relativo alla capacità dei siti, ottenendo la formulazione nota con il nome di *Capacitated Facility Location Problem* (*CFLP*):

$$\sum_{j \in J} x_{ij} \leq B_i \qquad \forall i \in I, \tag{1.12}$$

mentre nel caso in cui non si ricorra a *big M* si avrà:

$$\sum_{j \in J} x_{ij} \cdot D_j \leq B_i \qquad \forall i \in I. \tag{1.13}$$

Il concetto dietro il vincolo (1.12) è ancora quello del limite sul flusso che dal nodo i esce verso i nodi j serviti direttamente, come già discusso in occasione dell'introduzione del vincolo (1.3).

1.3 Formulazione di un modello con numero di siti noto

Una seconda classe di problemi prevede la definizione a priori del numero di nodi da attivare nel sistema logistico. La definizione del numero di nodi da attivare può essere effettuata attraverso metodi che contemplino sia aspetti qualitativi che quantitativi (ad esempio, attraverso l'uso del modello UFLP/CFLP o per mezzo di altri approcci non basati su modelli di ottimizzazione).

1.3.1 Formulazione del modello *p-median*

Nel caso in cui il numero di siti attivabili sia determinato a priori, l'obiettivo prescinde dal numero di siti da attivare. In generale, si assume che tutti i siti candidati siano equivalenti in termini di costi di attivazione e abbiano capacità infinita.

Inoltre, nel caso in cui sia possibile attivare un magazzino in qualsiasi nodo della rete (quindi $I \equiv J$) e il costo sia proporzionale alla distanza (per cui possiamo assumere $c_{ij} \propto d_{ij}$), possiamo pervenire alla formulazione del problema noto con il nome di *p-median*, in cui l'obiettivo consiste nella minimizzazione della somma pesata delle distanze per servire i nodi cliente dai p siti attivati:

$$Z_{p-median} = \min \sum_{i \in I} \sum_{j \in J} d_{ij} \cdot x_{ij}. \tag{1.14}$$

Come si può osservare, nella formulazione standard non compare più il termine legato al costo di attivazione del nodo. Questa omissione non comporta alcun problema quando il costo di attivazione è identico per ogni nodo, mentre potrebbe incidere sulla decisione finale qualora dipendesse dal nodo considerato. Per uniformità rispetto alla letteratura sul tema, procediamo trascurando il costo di attivazione dei siti, lasciando al lettore l'estensione necessaria per introdurla.

Per assicurare che la domanda sia completamente soddisfatta, introduciamo il seguente vincolo:

$$\sum_{i \in I} x_{ij} = 1 \quad \forall j \in J, \tag{1.15}$$

dove x_{ij} rappresenta la percentuale di domanda del nodo j soddisfatta da parte del nodo i.

Un nodo cliente può essere servito da un altro nodo solo se questo è attivo. Tale condizione è analoga a quanto visto in merito al vincolo (1.5):

$$x_{ij} \leq y_i \quad \forall i \in I, j \in J. \tag{1.16}$$

Il numero di siti attivi deve essere pari a p, pertanto:

$$\sum_{i \in I} y_i = p. \tag{1.17}$$

Infine, i vincoli di non negatività sono analoghi a quelli già illustrati con i problemi UFLP/CFLP:

$$\begin{aligned} x_{ij} &\in [0,1] \quad \forall i \in I, j \in J, \\ y_i &\in \{0,1\} \quad \forall i \in I. \end{aligned} \tag{1.18}$$

Come è possibile verificare sia teoricamente che sperimentalmente, e sulla base di quanto discusso nel caso dell'UFLP, nel *p-median* ogni cliente è assegnato al nodo attivo più vicino o al nodo che minimizza la somma pesata delle distanze. Pertanto possiamo esprimere il vincolo sulla variabile x come:

$$x_{ij} \in \{0,1\} \quad \forall i \in I, j \in J. \tag{1.19}$$

Il modello *p-median* ha un obiettivo di tipo *min-sum*, il quale si presta a rappresentare problemi nei quali l'interesse prioritario è quello del decisore (minimizzare i costi di trasporto, in questo caso). In altri casi, è necessario adottare una prospettiva diversa che tenga in maggior conto l'interesse del cliente, al fine di garantirne la soddisfazione. A tale necessità rispondono i modelli *p-cover* e *p-center* illustrati di seguito.

1.3.2 Formulazione del modello *p-cover*

Il problema della localizzazione può essere affrontato da un punto di vista diverso rispetto a quello rappresentato dai modelli *UFLP* e *p-median*. Lo scopo di questa ulteriore classe di modelli consiste nel garantire la copertura delle aree di domanda, ossia la presenza di un nodo attivo entro una certa *distanza critica*, che rappresenta la massima distanza accettabile tra un nodo cliente e un nodo attivo. Questo tipo di problemi si riscontra prevalentemente nella localizzazione dei nodi di utilità pubblica, come caserme dei pompieri o pronto soccorso, ma possono essere utilizzati anche in contesti di tipo industriale.

In questo ambito, il modello di *Maximal Covering Location (MCL)* ha l'obiettivo di posizionare $p \geq 1$ magazzini in modo da coprire la maggior quantità possibile di domanda. Formalmente, un nodo i è considerato *coperto* da un magazzino localizzato nel nodo j se la distanza d_{ij} tra i due nodi è inferiore ad un dato parametro R, detto *raggio di copertura*.

Le variabili in gioco sono le seguenti:

- x_i Variabile binaria pari a 1 se il nodo i è attivo, 0 altrimenti.
- y_j Variabile binaria pari a 1 se il nodo j è coperto, 0 altrimenti.

Per definire la copertura di un nodo, definiamo la seguente matrice:

$$C_{ij} = \begin{cases} 1 & d(i,j) \leq R \\ 0 & \text{altrimenti.} \end{cases} \quad (1.20)$$

La matrice C sintetizza la copertura potenziale dei vari nodi della rete in funzione della distanza dagli altri nodi. In altri termini, $C_{\tilde{i}\tilde{j}} = 1$ non indica che $\tilde{j}$ è coperto da $\tilde{i}$, ma che lo sarebbe se ci fosse un magazzino localizzato nel nodo $\tilde{i}$. Il discorso è simmetrico ($\tilde{i}$ coperto da $\tilde{j}$) nel caso le distanze fossero simmetriche.

Volendo coprire la maggior domanda possibile la funzione obiettivo è quindi:

$$Z_{p-cover} = \max \sum_{j \in J} D_j \cdot y_j. \quad (1.21)$$

A questo punto è necessario esprimere la copertura di un nodo da parte di un nodo attivo. Per fare questo, introduciamo il seguente vincolo:

$$\sum_{\{i \in I : d(i,j) \leq R\}} x_i \geq y_j \quad \forall j \in J. \quad (1.22)$$

Il vincolo (1.22), espresso sfruttando la matrice C, diventa:

$$\sum_{j \in J} C_{ij} \cdot x_i \geq y_j \quad \forall j \in J. \quad (1.23)$$

Infatti, consideriamo il generico nodo cliente $\tilde{j}$; se esiste almeno un valore di $\tilde{i}$ tale per cui $x_{\tilde{i}} = 1$ e $C_{\tilde{i}\tilde{j}} = 1$, allora la sommatoria a sinistra sarà maggiore o uguale ad 1. Di conseguenza, $y_{\tilde{j}}$ potrà assumere valore 0 o 1 ma, poiché l'obiettivo è di massimizzazione, la variabile y contribuisce positivamente all'obiettivo stesso e quindi si avrà $y_{\tilde{j}} = 1$.

Se, viceversa, non è possibile definire un valore di $\tilde{i}$ tale per cui valgano le condizioni di cui sopra, il termine sinistro dell'equazione (1.23) sarà pari a 0 e, di conseguenza, si avrà $y_{\tilde{j}} = 0$.

Infine, il numero di siti attivabili deve essere limitato a p:

$$\sum_{i \in I} x_i = p. \tag{1.24}$$

Questo problema deve essere risolto come un modello intero, poiché si possono verificare soluzioni frazionarie nel modello rilassato. L'esperienza comunque permette di affermare come la risoluzione del problema rilassato sia spesso intera, sebbene non sia possibile definire tale evenienza a priori.

1.3.3 Formulazione del modello *p-center*

Il modello *p-center* è rivolto alla localizzazione di p magazzini distributivi e alla successiva assegnazione ad ognuno di essi di un certo numero di clienti in modo tale da minimizzare la massima distanza L tra un generico cliente e il nodo attivo a lui più vicino; in altre parole, si vuole minimizzare il massimo costo che un generico cliente deve sostenere per raggiungere il centro distributivo al quale è stato assegnato. In alcuni contesti questa formulazione equivale all'obiettivo di assicurare un determinato livello di servizio in termini di tempo di risposta.

Il modello *p-center* è un esempio di problema con obiettivo *min-max*, adatto a rappresentare situazioni nelle quali si voglia tenere in conto anche l'interesse di ogni singolo cliente, ad esempio nella progettazione di una rete di servizi pubblici (in un certo senso, i modelli *min-max* hanno l'obiettivo di minimizzare lo svantaggio o il costo del cliente più "sfortunato").

Le variabili in gioco nella formulazione del modello *p-center* sono:

- x_{ij} Variabile binaria pari a 1 se il nodo cliente j è assegnato al nodo i, 0 altrimenti.
- y_i Variabile binaria pari a 1 se il nodo i è attivo, 0 altrimenti.

L'obiettivo consiste nel minimizzare la distanza del cliente più lontano, indicata con L. In altre parole, L rappresenta una limitazione superiore alla distanza che ogni cliente deve percorrere per raggiungere il nodo a lui assegnato (in genere, in problemi a capacità infinita, il più vicino).

Formalmente, quindi, l'obiettivo è:

$$Z_{p-center} = \min L. \tag{1.25}$$

Per assicurare che L sia il limite superiore alle distanze da percorrere, imponiamo il seguente vincolo:

$$\sum_{i \in I} d_{ij} \cdot x_{ij} \leq L \qquad \forall j \in J. \tag{1.26}$$

Il vincolo (1.26) impone che, per ogni nodo cliente j considerato, la distanza dal nodo attivo i a lui assegnato (quindi, $x_{ij} = 1$) deve essere minore di L.

Chiaramente, un nodo i potrà essere assegnato ad un cliente j solo se attivo ($y_i = 1$). Tale condizione si esprime nel seguente modo, già illustrato in precedenza:
$$x_{ij} \leq y_i \quad \forall i \in I, j \in J. \tag{1.27}$$

Per garantire che ogni cliente sia servito da un solo magazzino imponiamo il vincolo:
$$\sum_{i \in I} x_{ij} = 1 \quad \forall j \in J. \tag{1.28}$$

Poiché il numero di siti da attivare è noto a priori e pari a p, occorre imporre il seguente vincolo:
$$\sum_{i \in I} y_i = p. \tag{1.29}$$

Completano il modello i vincoli sui valori ammissibili per le variabili x e y:
$$\begin{aligned} x_{ij} \in \{0,1\} & \quad \forall i \in I, j \in J, \\ y_i \in \{0,1\} & \quad \forall i \in I. \end{aligned} \tag{1.30}$$

Osserviamo in conclusione che, a differenza del modello *p-cover*, dove il raggio R era dato come *input* del problema, in questo caso il raggio L è determinato come *output* del problema.

1.4 Considerazioni conclusive

Il problema della localizzazione dei nodi di una rete logistica rimane, ancora oggi, uno dei più studiati in letteratura a causa del rilevante impatto che tali decisioni hanno sulle prestazioni di un'azienda. Quelli illustrati, pur costituendo la base di successive evoluzioni, rappresentano solo una parte dei modelli disponibili per affrontare i molteplici aspetti del problema. Infatti, tra gli aspetti rilevanti non considerati dai modelli presentati possiamo menzionare:

- *Competizione*: nella localizzazione di nodi produttivi e distributivi occorre tener presente gli effetti generati dalla presenza di *competitors*. Nel caso in cui si decida di attivare un nodo in un'area già coperta da un concorrente non è sufficiente fare considerazioni sulla distanza da percorrere; occorre invece considerare come le dinamiche della domanda potrebbero subire variazioni significative.
- *Cannibalizzazione*: nel caso di attivazione di nuovi nodi, questi possono catturare una quota di mercato che era in precedenza servita da un altro nodo già attivo, ma senza influenzare la domanda totale servita nel mercato. Chiaramente, questo effetto di cannibalizzazione è positivo quando la

domanda è sottratta alla concorrenza, mentre può avere influssi negativi quando la domanda è semplicemente spostata verso un altro nodo che, pur essendo più vicino, potrebbe non essere gradito al cliente.
- *Espansione del mercato*: i nuovi nodi attivati possono catturare domanda che, in precedenza, non era coperta dall'offerta dell'azienda o dei concorrenti. In questo caso, si tratta di una vera e propria espansione della quota di mercato, consentita da una localizzazione strategica [6].

In conclusione, sottolineiamo che i modelli che contemplano queste caratteristiche sono generalmente più complessi, non solo dal punto di vista della formulazione, ma anche, e soprattutto, per la mancanza di dati affidabili (si pensi, ad esempio, alla possibilità di conoscere con buon grado di sicurezza il comportamento dei concorrenti interessati da una decisione di localizzazione dell'azienda).

2
Pianificazione multi-sito della produzione

L'evoluzione dei sistemi industriali ed economici ha portato negli anni alla formulazione di diverse strategie di gestione del *business*, atte ad indirizzare l'utilizzo delle risorse disponibili verso il conseguimento di un risultato rispondente alle esigenze del mercato.

All'interno della strategia generale ricade quell'insieme di decisioni che, relative alla scelta della struttura produttiva e alla conseguente allocazione delle risorse, sono sintetizzate dal concetto di *Manufacturing Strategy*.

Affinché sia coerente con la strategia generale del *business*, la *Manufacturing Strategy* eredita da essa gli obiettivi e determina di conseguenza le azioni da intraprendere. Questo ha portato in molti casi all'introduzione di cambiamenti strutturali nei sistemi di produzione, al fine di garantire un soddisfacente *trade-off* tra costi di produzione e livello di servizio offerto al cliente.

La ricerca di questo punto di equilibrio ha portato, da un lato, verso la specializzazione degli impianti produttivi, nel tentativo di raggiungere economie di scala significative e, dall'altro lato, verso un ampliamento del numero di *facilities* da gestire per non sacrificare l'ampiezza dell'offerta al mercato.

Dovendo competere su mercati internazionali per far fronte alle diverse esigenze dei clienti, molte aziende hanno diretto i propri sforzi verso la costituzione di *network produttivi* estesi da un capo all'altro del globo, la cui gestione richiede approcci supportati da opportuni processi e strumenti decisionali. L'integrazione dei flussi informativi e materiali in questo *network* diventa quindi un requisito essenziale per lo svolgimento del *business*.

Come risultato, alcune aziende si trovano a dover pianificare le proprie attività in un contesto *multi-sito*, ossia un contesto nel quale la stessa attività può essere effettuata in più punti del *network*, a diverse condizioni e con differenti benefici e costi. La possibilità di bilanciare opportunamente questi elementi può rappresentare il cardine sul quale far ruotare il successo competitivo dell'azienda.

Nel caso presentato di seguito, la *pianificazione multi-sito* riguarda l'allocazione di diversi prodotti alle diverse risorse produttive presenti nel *network*, con l'obiettivo di fornire un adeguato livello di servizio al cliente minimizzan-

Livello di pianificazione	Orizzonte temporale di riferimento	Esempi di decisioni
Strategico	Lungo (1-5 anni)	Localizzazione siti produttivi, definizione aree di distribuzione, allocazione risorse produttive sul lungo termine
Tattico	Medio (12-18 mesi)	*Routing* dei prodotti, allocazione risorse produttive sul medio termine
Operativo	Breve (1-4 settimane) Brevissimo (1 ora-1 giorno)	Schedulazione, sequenziamento degli ordini, rilascio ordini di produzione, *routing* finale delle lavorazioni, correzione delle decisioni

Fig. 2.1. *Framework* di pianificazione multi-livello

do il costo totale, comprendente in prima istanza i costi di produzione e di trasporto.

Il caso illustra una realtà industriale dove le principali fasi del processo produttivo sono suddivise su diversi impianti, aventi differenti caratteristiche in termini di produttività e vincoli. Nello specifico, gli impianti sono *single-purpose*, ossia in grado di realizzare una sola tipologia di attività, a differenza degli impianti *multi-purpose* in grado di realizzare più tipologie di attività.

2.1 Descrizione del caso

Presentiamo un problema di pianificazione della produzione su un orizzonte temporale di medio-lungo periodo (indicativamente un anno) nel quale l'obiettivo è quello di formulare un *budget* di produzione annuale per ogni sito produttivo all'interno del *network*, distribuendo le attività e i prodotti tra i diversi impianti disponibili e nel rispetto dei principali vincoli.

La prima osservazione che emerge è che, trattandosi di un problema di pianificazione sul medio-lungo periodo, il livello di dettaglio da adottare può essere relativamente basso, escludendo dalle nostre considerazioni tutte quelle problematiche che, in un *framework* di pianificazione multi-livello come quello riportato in Figura 2.1, sono affrontate dai processi decisionali rivolti al medio e breve periodo (come ad esempio, eventuali problemi relativi alla schedulazione o sequenziamento dei lavori sulle diverse risorse disponibili). Esempi di programmazione sul medio-breve periodo saranno forniti nei capitoli successivi.

Consideriamo quindi un prodotto industriale realizzato su larga scala e in diversi formati e varianti, tutte tecnologicamente simili. Ogni prodotto è realizzato mediante un processo produttivo composto da due macro fasi principali: *(i)* una prima fase nella quale viene realizzato un grezzo tramite

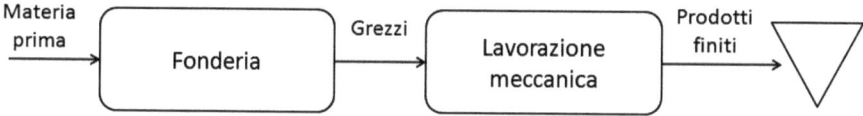

Fig. 2.2. Il processo produttivo

colata in fonderia e *(ii)* una seconda fase nella quale viene realizzata una serie di lavorazioni meccaniche per ottenere il prodotto finito che verrà stoccato in un deposito di distribuzione (Fig. 2.2).

Il grezzo può essere realizzato in diverse fonderie dislocate sia sul territorio nazionale che all'estero. Tali fonderie sono caratterizzate da prestazioni differenti in termini di costo, quantità e qualità della produzione. In particolare, la qualità rappresenta un elemento critico nella scelta di allocazione dei diversi prodotti alle fonderie; infatti, le caratteristiche qualitative richieste da alcuni prodotti possono essere tali da precludere la possibilità di allocare un prodotto ad una determinata fonderia (si pensi, ad esempio, ai diversi livelli qualitativi richiesti da un prodotto destinato al primo equipaggiamento, *Original Equipment – OE*, e quello richiesto da un prodotto destinato al settore dei ricambi o al mercato dei non originali).

Ogni fonderia è soggetta a un vincolo di capacità produttiva massima, espressa come numero di pezzi o, più convenientemente, come tonnellate di lega colabili nell'orizzonte di riferimento del problema decisionale.

La dimensione quantitativa può riservare alcuni problemi in quei contesti in cui il grado di automazione risulti basso, in quanto molto tempo può essere perso in attività di tipo manuale. Nel nostro caso, poiché stiamo considerando un prodotto realizzato su vasta scala, possiamo assumere un alto livello di automazione all'interno delle fonderie (e, analogamente, nella fase di lavorazione meccanica) tale per cui il ritmo di colata è praticamente costante nel tempo. Nel caso in esame, la colata in tutte le fonderie disponibili viene fatta in automatico utilizzando stampi realizzati in terra di formatura prodotti in serie da un apposito macchinario che lavora in sincrono con il forno di colata.

Anche le lavorazioni meccaniche possono essere realizzate in diversi impianti, aventi diverse caratteristiche. Tipicamente, ogni prodotto richiede una lavorazione tramite fresa e una smerigliatrice, salvo alcuni casi speciali in cui è previsto anche l'utilizzo di un tornio orizzontale. Il tempo necessario per ogni lavorazione, considerato costante grazie all'alto livello di automazione anche in questa fase del processo, dipende dal prodotto, anche se la maggior parte dei codici realizzati richiede più o meno la stessa quantità di tempo.

In generale, il *layout* dei reparti presso gli stabilimenti di lavorazione meccanica riflette il processo produttivo, nel senso che le fresatrici a controllo numerico sono fisicamente vicine ad una smerigliatrice, in modo da minimizzare il tempo di movimentazione interno. In ogni caso, poiché stiamo affrontando un problema di allocazione sul lungo periodo, possiamo adottare un punto di vista più aggregato, attribuendo ad ogni prodotto un solo *tempo di attraver-*

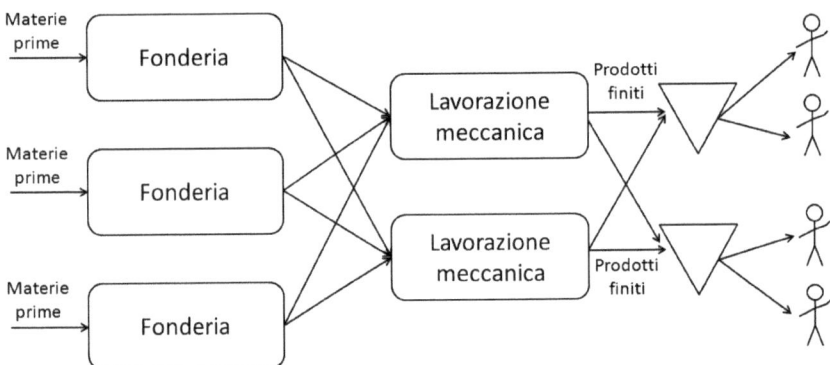

Fig. 2.3. Rete produttiva

samento composto dalla somma dei singoli tempi di lavorazione e di un tempo medio standard di stazionamento o attesa che rappresenta le varie soste e code nel passaggio da una lavorazione alla successiva.

I prodotti finiti vengono quindi stoccati presso i depositi, i quali fungono da interfaccia verso i clienti. Ogni magazzino serve una specifica area geografica e generalmente non si registrano sovrapposizioni tra le aree (ogni cliente è servito da un unico deposito). Questa caratteristica semplifica la formulazione del problema ma non rappresenta un requisito essenziale[1].

Le fonderie, gli impianti di lavorazione meccanica e i depositi sono connessi attraverso opportuni sistemi di trasporto, il cui costo può dipendere dalla distanza da percorrere e dalla tipologia di mezzo utilizzato. Poiché il problema in considerazione si pone a livello strategico su un orizzonte temporale medio-lungo, è possibile trascurare il dimensionamento dei singoli trasporti, ipotizzando un flusso praticamente continuo tra i vari nodi della rete produttiva illustrata in Figura 2.3. In altre parole, possiamo attribuire un costo medio di trasporto per unità di prodotto che, nel nostro caso, sarà proporzionale alla sola distanza percorsa.

Infine, ogni prodotto finale è caratterizzato da:

- Una *domanda* espressa in termini di unità all'anno per ogni deposito: poiché ci riferiamo al medio-lungo periodo, tale domanda sarà composta in larga misura da una previsione di vendita elaborata da ogni deposito. Nel caso in cui non vi sia una preventiva allocazione dei clienti ai depositi (il collegamento deposito-cliente non è definito a priori, ma rappresenta un'incognita del problema), la previsione potrà essere elaborata a livello centrale.

---

[1] In particolare, se l'assegnazione dei clienti ai depositi è stabilita a priori, essa è invariante rispetto alle scelte di allocazione operate. Pertanto, rappresentando un elemento non differenziale, il costo di trasporto dai depositi ai clienti può essere trascurato nella formulazione. In caso contrario, l'allocazione rappresenta un'incognita del problema.

- Una *matrice produttiva* in termini di: *(i)* kilogrammi di lega necessari per ogni grezzo in fase di fusione; *(ii)* costo di produzione unitario in fonderia; *(iii)* tempo di attraversamento della fase di lavorazione meccanica;*(iv)* costo di produzione unitario legato alle lavorazioni meccaniche.
- Una *matrice qualitativa* a rappresentare la possibilità di produrre un determinato prodotto in un determinato impianto nel rispetto dei requisiti qualitativi dei diversi prodotti.
- Un insieme di *vincoli* relativi a diversi aspetti del processo produttivo e distributivo.

Come ulteriore estensione è possibile contemplare una *matrice distributiva* che rappresenti eventuali vincoli di connessione da un sito all'altro (ad esempio, per impedire il rifornimento di un deposito da un impianto di lavorazione meccanica non provvisto delle necessarie attrezzature atte a garantire uno standard qualitativo adeguato per il mercato da servire), la cui funzione è sostanzialmente analoga a quella della matrice qualitativa.

In questo problema gli impianti di lavorazione meccanica si configurano come veri e propri fornitori dei depositi, i quali rappresentano i clienti che manifestano una domanda. Gli impianti di lavorazione meccanica rappresentano a loro volta i clienti delle fonderie, manifestando una domanda pari alla domanda ricevuta dai depositi, in termini di quantità per ogni tipologia di prodotto. Emerge quindi una struttura multi-livello del problema che deve essere opportunamente affrontata.

2.2 Formulazione del modello

Il problema di pianificazione multi-sito illustrato può essere descritto, dal punto di vista della modellizzazione matematica, come un *problema di flusso* soggetto a costi fissi e variabili. In particolare, la determinazione dell'entità dei flussi tra i vari nodi che compongono la rete di Figura 2.3 determinerà implicitamente l'assegnazione dei prodotti ai diversi siti produttivi.

Sulla base degli elementi riportati in precedenza possiamo formulare il seguente modello di programmazione lineare.

Parametri e variabili

Siano:
- I Insieme delle fonderie.
- J Insieme degli stabilimenti di lavorazione.
- K Insieme dei depositi da servire.
- R Insieme delle famiglie di prodotti. Ogni famiglia può includere più prodotti tecnologicamente e commercialmente equivalenti; quindi, alcune famiglie saranno composte da più prodotti, mentre altre saranno composte da un solo prodotto.

- d_{kr} Domanda prevista per il k-esimo deposito, relativo alla famiglia di prodotto r.
- p_{ir} Costo di produzione unitario per la famiglia di prodotto r presso la fonderia i.
- c_{ij} Costo di trasporto unitario dalla fonderia i allo stabilimento j. Tale costo include la distanza kilometrica dei siti i e j, ma non comprende le caratteristiche del prodotto, come ad esempio il peso[2]. In questo modo il costo totale di trasporto dipenderà esclusivamente dalle quantità trasportate da i a j.
- q_{jr} Costo di produzione unitario per la famiglia di prodotto r presso lo stabilimento j.
- v_{jk} Costo di trasporto unitario dallo stabilimento j al deposito k. Valgono le stesse considerazioni espresse per il costo di trasporto dalla fonderia agli impianti di lavorazione meccanica.
- B_i Capacità produttiva totale sull'orizzonte di riferimento (in tonnellate di lega) della fonderia i-esima.
- H_j Capacità produttiva espressa in numero di ore di lavorazione disponibili presso lo stabilimento j-esimo.
- b_r Kilogrammi di lega necessari per una unità di prodotto della famiglia r.
- h_r Ore di lavorazione necessarie per una unità di prodotto della famiglia r.
- e_{ir} Parametro binario che, se pari a 1, esprime la possibilità di produrre la famiglia r presso la fonderia i.
- g_{jr} Parametro binario che, se pari a 1, esprime la possibilità di produrre la famiglia r nello stabilimento j.

Per rappresentare le decisioni in termini di flussi di prodotto nel *network* produttivo, le variabili del modello da considerare sono:

- x_{ijr} Variabile decisionale che indica la quantità di prodotto della famiglia r con cui rifornire lo stabilimento j dalla fonderia i sull'intero orizzonte temporale di riferimento. Trattandosi di un modello a livello strategico, trascuriamo le modalità di trasporto con cui tali flussi verranno realizzati.
- y_{jkr} Variabile decisionale che indica la quantità di prodotto della famiglia r con cui rifornire il deposito k dallo stabilimento j.

---

[2]Come il lettore potrà verificare, nel caso si voglia far dipendere il costo di trasporto anche dalle caratteristiche del prodotto, sarà sufficiente aggiungere un pedice al parametro ottenendo così c_{ijr}.

Funzione obiettivo

Obiettivo del problema di pianificazione multi-sito della produzione è la minimizzazione del costo totale Z, costituito dalla somma dei costi di produzione e di trasporto:

$$Z = \min \sum_{i \in I} \sum_{r \in R} p_{ir} \sum_{j \in J} x_{ijr} + \sum_{i \in I} \sum_{j \in J} c_{ij} \sum_{r \in R} x_{ijr} + \qquad (2.1)$$
$$+ \sum_{j \in J} \sum_{r \in R} q_{jr} \sum_{k \in K} y_{jkr} + \sum_{j \in J} \sum_{k \in K} v_{jk} \sum_{r \in R} y_{jkr}.$$

Le variabili x_{ijr} e y_{jkr}, pur rappresentando un flusso tra due nodi, sono sufficienti ad esprimere anche la quantità prodotta in ogni sito. Infatti, per ogni fonderia i, la somma dei flussi verso tutti gli impianti di lavorazione meccanica j determina la quantità da produrre in i. Analogo discorso vale, ovviamente, per la variabile y_{jkr}.

Vincoli

La minimizzazione del costo totale è naturalmente soggetta ad un insieme di vincoli. Un primo insieme di vincoli è relativo alle capacità produttive nei diversi siti. In particolare si richiede che la quantità totale richiesta ad ogni fonderia non superi la sua capacità disponibile B_i, espressa in tonnellate di lega colabili nell'orizzonte di riferimento.

La quantità totale richiesta alla fonderia i è pari alla somma dei flussi "uscenti" da tale fonderia e diretti verso tutti gli stabilimenti j, moltiplicati per il contenuto b_r in termini di kilogrammi di lega per ogni prodotto. Poiché la capacità produttiva della fonderia è espressa in tonnellate di lega colabili nell'orizzonte di riferimento, disponendo del contenuto b_r in kilogrammi di lega di ogni famiglia di prodotto r, possiamo esprimere il vincolo come segue:

$$\sum_{j \in J} \sum_{r \in R} b_r \cdot x_{ijr} \leq 1.000 B_i \qquad \forall i \in I, \qquad (2.2)$$

dove il valore 1.000 serve come fattore conversione delle tonnellate in kilogrammi. In altre parole, il flusso in uscita dalla fonderia i viene "pesato" utilizzando il fabbisogno di lega di ogni famiglia di prodotto. Possiamo notare come la quantità B_i possa essere usata anche per rappresentare un limite alla disponibilità di materie prime o altri vincoli simili.

Un vincolo analogo deve essere espresso per gli stabilimenti di lavorazione meccanica. In tali stabilimenti, la capacità disponibile è espressa in termini di ore macchina H_j. Per semplicità, ipotizziamo che i prodotti seguano tutti lo stesso processo di lavorazione (sistema produttivo di tipo *flow shop*), consistente in un insieme di operazioni effettuate su un insieme definito di macchine a controllo numerico. Ogni stabilimento può disporre di più macchine a controllo numerico, ma questo dato risulta sintetizzato dal numero di ore disponibili per la lavorazione.

Nell'ipotesi che tutti i grezzi in ingresso ad ogni stabilimento vengano lavorati nell'arco del periodo di riferimento per la pianificazione, il vincolo si esprime come segue:

$$\sum_{i \in I} \sum_{r \in R} h_r \cdot x_{ijr} \leq H_j \qquad \forall j \in J. \qquad (2.3)$$

L'interpretazione del vincolo (2.3) è analoga a quella illustrata per il vincolo (2.2).

Un ulteriore vincolo è relativo al soddisfacimento della domanda espressa dai depositi. La produzione effettuata presso gli stabilimenti di lavorazione meccanica (e, conseguentemente, presso le fonderie) deve essere tale da soddisfare la domanda dei diversi depositi di distribuzione k. Ogni deposito riceverà dai diversi stabilimenti di lavorazione delle quantità y_{jkr} con le quali soddisferà la domanda d_{kr}. Osserviamo a questo punto che, sebbene il soddisfacimento della domanda possa sembrare un obiettivo del sistema produttivo, nel nostro caso è corretto esprimerlo come un vincolo, in quanto richiediamo che la domanda prevista sia completamente soddisfatta. Tale condizione si esprime nel seguente modo:

$$\sum_{j \in J} y_{jkr} = d_{kr} \qquad \forall k \in K,\, r \in R. \qquad (2.4)$$

È necessario collegare i flussi in uscita dagli stabilimenti con i flussi in essi entranti. Infatti, alla luce dei soli vincoli di capacità e di soddisfacimento della domanda, le variabili x e y risultano completamente indipendenti, mentre nella realtà esse sono chiaramente collegate: dato un prodotto $\tilde{r}$, il generico stabilimento j potrà produrne una quantità pari al numero di grezzi $\tilde{r}$ in arrivo dalle diverse fonderie i.

Si pone pertanto il seguente vincolo, noto anche come vincolo di *conservazione del flusso*:

$$\sum_{i \in I} x_{ijr} = \sum_{k \in K} y_{jkr} \qquad \forall j \in J,\, r \in R. \qquad (2.5)$$

A questo punto è necessario introdurre i vincoli connessi alla matrice qualitativa, per i quali potrebbe essere necessario precludere alcuni siti produttivi ad alcune famiglie di prodotto aventi caratteristiche e tolleranze particolarmente stringenti. In precedenza abbiamo definito i due parametri binari e_{ir} e g_{jr}, che esprimono la capacità tecnologica dei diversi siti. Se, infatti, e_{ir} è pari a 1, allora il prodotto r è realizzabile presso la fonderia i. Viceversa, se è pari a 0, tale fonderia è preclusa al prodotto r. Analoga interpretazione per il parametro g_{jr} sugli stabilimenti di lavorazione.

Pertanto possiamo aggiungere i seguenti vincoli:

$$\begin{aligned} x_{ijr} &\leq e_{ir} \cdot M & \forall i \in I,\, j \in J,\, r \in R, \\ y_{jkr} &\leq g_{jr} \cdot M & \forall i \in I,\, j \in J,\, r \in R. \end{aligned} \qquad (2.6)$$

Infatti, se e_{ir} è pari a 1, il flusso del prodotto r in uscita da i verso un generico stabilimento j non è vincolato, essendo M un *upper bound* non vincolante. Viceversa, se e_{ir} è pari a 0, allora anche x_{ijr} sarà forzatamente pari a 0, esprimendo in tal modo l'impossibilità da parte della fonderia i di generare un flusso di prodotto r verso qualsiasi fonderia j. Analoghe considerazioni valgono per il secondo vincolo (2.6) relativo ai siti di lavorazione meccanica.

La formulazione del problema è quindi completata dagli usuali vincoli di non negatività delle variabili:

$$\begin{aligned} x_{ijr} &\geq 0 \quad &\forall i \in I,\, j \in J,\, r \in R, \\ y_{jkr} &\geq 0 \quad &\forall i \in I,\, j \in J,\, r \in R. \end{aligned} \quad (2.7)$$

Occorre notare in conclusione come il modello sia di programmazione lineare a numeri reali, non avendo imposto alcuna condizione sull'interezza delle variabili. Si potrebbe giustamente obiettare che, poiché le variabili esprimono un numero di pezzi, questa mancanza delle condizioni di interezza sia a tutti gli effetti un errore. In realtà, possiamo controbiettare lungo due direzioni: nella prima direzione, più di stampo manageriale, possiamo affermare che nel caso in cui le quantità in gioco siano molto grandi (migliaia di pezzi), è possibile assumere che un arrotondamento di una soluzione frazionaria non introduca particolari disottimizzazioni. Chiaramente questo discorso decade nel caso in cui il numero di unità di cui si tratta sia esiguo (poche unità) o il valore legato alla singola unità sia molto elevato. La seconda direzione di argomentazione è di stampo più tecnico: esiste infatti un teorema il quale afferma che, in questo tipo di problemi, se i dati di *input* sono interi anche la soluzione sarà intera, mettendoci quindi in condizione di trascurare i vincoli di interezza sulle variabili.

2.3 Estensioni del modello

Il modello presentato, pur essendo compatto e semplice, rappresenta un importante prototipo per una serie di possibili estensioni, finanche a problemi diversi ma riconducibili come struttura al modello di flusso discusso. Di seguito vengono discusse alcune possibili estensioni.

2.3.1 Costo di attivazione di un sito produttivo

Un'ipotesi implicita del modello discusso consiste nel considerare l'utilizzo o meno di un sito produttivo come un elemento non differenziale del problema. In altre parole, non è stato considerato un *costo di attivazione* di un sito, da sostenersi solo nel caso in cui il sito venga effettivamente utilizzato per la produzione. Ad una prima analisi, si potrebbe ipotizzare di includere una frazione del costo di attivazione nel costo di produzione unitario sostenuto nello specifico stabilimento. In realtà ciò sarebbe possibile solo conoscendo a priori la quantità prodotta in ogni stabilimento, che è una variabile del modello. Inoltre, tali costi di attivazione sono rappresentativi degli oneri generali che è necessario sostenere per mantenere attivo un impianto, e generalmente tali oneri sono considerati come un *costo fisso* indipendente dal volume produttivo. Pertanto occorre operare in modo diverso.

Per semplicità, ci riferiremo al caso in cui siano previsti dei costi fissi di attivazione solo per le fonderie, essendo l'estensione agli stabilimenti di lavorazione del tutto analoga. Per fare questo dobbiamo modificare il modello originario introducendo una variabile binaria z_i:

$$z_i = \begin{cases} 1 & \text{se la fonderia } i \text{ viene attivata} \\ 0 & \text{altrimenti.} \end{cases} \quad (2.8)$$

Tale variabile risulterà legata all'entità dei flussi in uscita dalla generica fonderia i attraverso i seguenti vincoli:

$$x_{ijr} \leq z_i \cdot B_i \quad \forall i \in I,\ j \in J,\ r \in R, \quad (2.9)$$

dove ricordiamo che B_i è la capacità massima della fonderia i-esima. L'interpretazione del vincolo (2.9) è piuttosto immediata: se, infatti, z_i è pari a 0, allora nessun prodotto potrà essere realizzato presso la fonderia i, e di conseguenza tutti i flussi uscenti da i saranno nulli. Al contrario, se almeno un prodotto r deve essere realizzato presso la fonderia i, allora z_i deve essere pari a 1.

È opportuno osservare come, in alcuni casi, sia possibile formulare lo stesso vincolo in modi alternativi. Quella riportata rappresenta infatti solo una delle possibilità di rappresentazione; un'alternativa frequentemente usata è la seguente:

$$\sum_{j \in J} \sum_{r \in R} x_{ijr} \leq z_i \cdot B_i \quad \forall i \in I. \quad (2.10)$$

La differenza principale consiste nel numero di vincoli, maggiore nel primo caso. Le diverse modalità di rappresentazione, seppure equivalenti in termini di modellizzazione della realtà in esame, possono avere impatti anche considerevoli sui tempi di risoluzione.

Se indichiamo con F_i il costo fisso di attivazione della generica fonderia i, allora la funzione obiettivo (2.1) cambierà con l'aggiunta di un termine:

$$\begin{aligned} Z' = \min & \sum_{i \in I} \sum_{r \in R} p_{ir} \sum_{j \in J} x_{ijr} + \sum_{i \in I} \sum_{j \in J} c_{ij} \sum_{r \in R} x_{ijr} + \\ & + \sum_{j \in J} \sum_{r \in R} q_{jr} \sum_{k \in K} y_{jkr} + \sum_{j \in J} \sum_{k \in K} v_{jk} \sum_{r \in R} y_{jkr} + \\ & + \sum_{i \in I} F_i \cdot z_i \\ = & Z + \sum_{i \in I} F_i \cdot z_i. \end{aligned} \quad (2.11)$$

Un'ulteriore annotazione riguardo all'introduzione della variabile z_i è relativa alla possibilità di limitare, attraverso di essa, il numero di fonderie da attivare indipendentemente dal costo. Infatti, poiché z_i è pari a 1 solo per le fonderie attivate, la somma di z_i equivale al numero di fonderie attivate. Pertanto, è possibile esprimere un vincolo sul numero massimo di fonderie attivabili come segue:

$$\sum_{i \in I} z_i \leq A, \qquad (2.12)$$

dove il parametro A, definito a priori dal *management*, rappresenta il numero massimo di fonderie attivabili.

Chiaramente, l'introduzione della variabile binaria introduce maggior complessità nel modello che, pur rimanendo lineare, diventa misto intero.

2.3.2 Espansione della capacità produttiva

Nel modello di base la capacità produttiva di ogni sito è stata considerata come un parametro noto a priori e immutabile. Estendiamo ora il modello per contemplare la possibilità di espandere la capacità produttiva di uno o più siti, chiaramente a fronte di un costo.

Consideriamo, per semplicità di esposizione, il caso in cui sia possibile espandere la capacità della sola fonderia $\tilde{i}$ di una quantità pari a $W_{\tilde{i}}$ a fronte di un costo $\theta_{\tilde{i}}$. Introduciamo la variabile decisionale $t_{\tilde{i}}$ con il seguente significato:

$$t_{\tilde{i}} = \begin{cases} 1 & \text{se la capacità della fonderia } \tilde{i} \text{ viene espansa} \\ 0 & \text{altrimenti.} \end{cases} \qquad (2.13)$$

Nella funzione obiettivo sarà necessario introdurre un termine legato al costo dell'espansione di capacità presso la fonderia $\tilde{i}$:

$$Z'' = Z' + \theta_{\tilde{i}} \cdot t_{\tilde{i}}. \qquad (2.14)$$

Al fine di considerare la possibilità di espansione della capacità produttiva è necessario modificare i vincoli (2.2) come segue:

$$\sum_{j \in J} \sum_{r \in R} b_r \cdot x_{ijr} \leq 1.000 \cdot B_i \qquad \forall i \in I \setminus \{\tilde{i}\},$$

$$\sum_{j \in J} \sum_{r \in R} b_r \cdot x_{\tilde{i}jr} \leq 1.000 \cdot \left(B_{\tilde{i}} + t_{\tilde{i}} \cdot W_{\tilde{i}}\right). \qquad (2.15)$$

Il primo insieme di equazioni nel vincolo (2.15) si applica a tutte le fonderie in I, esclusa quella (unica in questo esempio) che può essere soggetta ad espansione della capacità. La seconda equazione si applica invece a quest'ultima fonderia e viene interpretata nel seguente modo: nel caso in cui si decida di non espandere la capacità produttiva, la variabile $t_{\tilde{i}}$ vale zero e il vincolo è analogo a quello delle altre fonderie. Nel caso in cui, invece, si decida di espandere la capacità produttiva di $\tilde{i}$, allora la capacità totale sarà pari a $B_{\tilde{i}} + W_{\tilde{i}}$.

Per concludere, occorre legare le variabili $t_{\tilde{i}}$ e $z_{\tilde{i}}$ in modo da evitare quelle soluzioni che prevedono di espandere la capacità di $\tilde{i}$ ($t_{\tilde{i}} = 1$) pur non attivando $\tilde{i}$ ($z_{\tilde{i}} = 0$). Come si può verificare, fino ad ora $t_{\tilde{i}}$ e $z_{\tilde{i}}$ sono indipendenti l'una dall'altra. Il legame tra queste due variabili è ottenuto tramite il seguente vincolo:

$$t_{\tilde{i}} \leq z_{\tilde{i}}. \tag{2.16}$$

Infatti, in questo modo si possono avere soluzioni in cui la fonderia $\tilde{i}$ viene attivata mantenendone l'attuale capacità $B_{\tilde{i}}$ ($z_{\tilde{i}}=1$ e $t_{\tilde{i}}=0$), e soluzioni in cui la fonderia $\tilde{i}$ viene attivata e ne viene estesa la capacità ($z_{\tilde{i}}=1$ e $t_{\tilde{i}}=1$). Sono invece precluse quelle soluzioni, logicamente non coerenti, nelle quali la fonderia $\tilde{i}$ non viene attivata ma la sua capacità viene espansa ($z_{\tilde{i}}=0$ e $t_{\tilde{i}}=1$)[3].

Estendendo il ragionamento a tutte le fonderie $i \in I$, il vincolo (2.15) diventa:

$$\sum_{j \in J} \sum_{r \in R} b_r \cdot x_{ijr} \leq 1.000 \cdot (B_i + t_i \cdot W_i) \qquad \forall i \in I. \tag{2.17}$$

2.4 Considerazioni conclusive

In conclusione è importante sottolineare l'esistenza di almeno una, peraltro intuitiva, condizione necessaria (ma non sufficiente) affinché il modello abbia una soluzione. Tale condizione richiede che la somma delle capacità produttive ad ogni livello del *network* produttivo sia sufficiente a soddisfare la domanda attesa, ossia:

$$\begin{aligned}\sum_{i \in I} (B_i + W_i) &\geq \sum_{r \in R} \sum_{k \in K} d_{kr}, \\ \sum_{j \in J} (H_j + V_j) &\geq \sum_{r \in R} \sum_{k \in K} d_{kr},\end{aligned} \tag{2.18}$$

dove W_i e V_i rappresentano gli eventuali incrementi di capacità produttiva disponibili rispettivamente presso le fonderie e gli stabilimenti di lavorazione meccanica.

È utile sottolineare come tale modello si presti ad ulteriori possibili estensioni, ad esempio al fine di includere elementi relativi ad altre tipologie di costo (ad esempio, la tassazione per i flussi internazionali) o ulteriori vincoli (come, ad esempio, il livello di saturazione minimo da garantire affinché sia possibile attivare un impianto). Inoltre, è possibile estendere il modello alla dimensione temporale, ottenendo così un maggior livello di dettaglio nella dinamica dei flussi.

---

[3] Questa soluzione potrebbe verificarsi nel caso in cui il costo di espansione sia inferiore al costo di attivazione e la sola capacità produttiva $W_{\tilde{i}}$ sufficiente alla necessità.

Dal punto di vista algoritmico, il modello di flusso originario di programmazione lineare è risolvibile in tempo polinomiale tramite il classico algoritmo del simplesso, o sue varianti, anche per istanze molto grandi. L'introduzione delle variabili binarie implica la necessità di utilizzare altre strategie risolutive, come ad esempio il *branch-and-bound*.

3

Programmazione multi-periodo della produzione

La programmazione della produzione in contesti industriali è un problema che – fatta eccezione per pochi casi particolari, caratterizzati dall'essere statici e poco mutevoli nel tempo – i decisori aziendali devono risolvere periodicamente ad intervalli più o meno lunghi e regolari. La necessità di predisporre l'utilizzo delle risorse (umane e tecnologiche) e dei materiali (materi prime, semilavorati e componenti) al fine di generare un flusso di prodotti vendibili (per i quali vi sia una richiesta) a condizioni ammissibili dal mercato – prevalentemente in termini di quantità disponibile, qualità e costo – ha suscitato un'ingente mole di studi, analisi e ricerche nell'intento di trovare una formulazione ottimale per la soluzione di tale problema.

La programmazione della produzione riguarda, in estrema sintesi, la formulazione e gestione dei *piani di produzione*, ossia la definizione dell'utilizzo delle risorse disponibili in base ai prodotti da realizzare su un orizzonte di breve-media lunghezza [8].

La programmazione della produzione è, quindi, un'attività periodica che opera su orizzonti temporali piuttosto brevi, generalmente inferiori all'anno o, in alcuni casi, inferiori a qualche mese. Salvo situazioni particolari, infatti, non ha molta utilità programmare la produzione di un intero anno o più, poiché le mutevoli condizioni del mercato o della fornitura, per fare un esempio, renderebbero difficile – se non addirittura impossibile – attenersi a tale piano dall'inizio alla fine.

L'obiettivo della programmazione della produzione è di fornire risposta ai seguenti cruciali interrogativi, sulla base degli ordini ricevuti dai clienti e delle previsioni di domanda formulate:

- *Quali prodotti realizzare nell'arco del prossimo orizzonte temporale?* Nei casi in cui l'azienda non sia monoprodotto è necessario definire di volta in volta quali prodotti realizzare per coprire il futuro fabbisogno. L'obiettivo consiste nel produrre solo ciò che serve, evitando di costituire scorte di prodotti non richiesti che potrebbero rimanere in magazzino per diverso tempo. D'altra parte, a volte è necessario costituire uno stock per poter garantire un adeguato tempo di risposta al cliente e per coprire periodi di eccesso di domanda rispetto alla capacità produttiva.

La decisione dipende, quindi, sia dalla domanda – la quale in molti casi non è nota in anticipo e presenta un livello di incertezza che non permette di dare una risposta deterministica a tale interrogativo – sia dalla capacità produttiva presente e futura.

- *Che quantità realizzare per ogni prodotto?* La necessità di contenere i costi, da un lato, e di garantire adeguati tempi di servizio al cliente, dall'altro, impongono di definire accuratamente la dimensione della produzione da effettuare nei diversi *time bucket*, ossia nell'intervallo di pianificazione più piccolo considerato. Infatti, generalmente si ha un vantaggio nel concentrare tutta produzione in pochi lotti (insiemi omogenei di prodotti), poiché si possono sfruttare economie di scala ed evitare *setup* dei macchinari. D'altra parte, un tale approccio potrebbe comportare la necessità di mantenere a scorta ingenti quantità di materiale, con i relativi costi.

  Inoltre, anche la disponibilità di un mix ben assortito ne risulterebbe influenzata, riducendo così il livello di servizio al cliente. Per tale motivo la produzione viene generalmente divisa in lotti la cui dimensione è frutto di diverse considerazioni di natura tecnologica ed economica[1].

- *Quali risorse impegnare per ogni prodotto?* In situazioni in cui un prodotto può essere realizzato utilizzando risorse alternative – anche aventi prestazioni differenti – è importante assegnare una specifica risorsa (o insieme di risorse) ad ogni lotto, nel rispetto dei vincoli di saturazione e utilizzo. Tanto più articolato il processo di produzione (e, quindi, il numero di risorse da utilizzare) tanto più complessa risulterà l'attività di programmazione. L'assegnazione delle risorse alla produzione dei diversi beni deve rispondere a molteplici criteri, più o meno vincolanti, che vanno ben oltre la possibilità tecnologica. Ad esempio, potrebbe essere necessario garantire un livello minimo di saturazione di una risorsa per evitare problemi di qualità o eccessivi costi di *setup*, ivi compresi eventuali costi di avvio e fermata, per alcune tipologie di macchinari.

- *In quale time bucket realizzare la produzione di ogni lotto?* Infine, la risposta a questa domanda, strettamente correlata alle altre, definisce il *time bucket* in cui produrre ogni lotto. I vincoli da tenere in considerazione in tal senso sono relativi al livello di saturazione delle risorse necessarie, nonché alla possibilità o meno di ritardare la produzione rispetto alla data concordata con il cliente (situazione comunemente indicata con il termine *backlog*).

---

[1]La determinazione della dimensione ottimale dei lotti rappresenta un ulteriore problema nell'ambito della gestione della produzione. Tale problema viene generalmente affrontato nell'ambito della gestione degli stock (*inventory management*) cui il lettore interessato è invitato a riferirsi.

Le risposte ai precedenti interrogativi devono tendere ad ottimizzare una determinata funzione obiettivo, come ad esempio il costo totale di produzione o il numero di lotti in ritardo rispetto alla data concordata con il cliente (detta *due date*), nel rispetto di tutti i vincoli imposti. Emerge dunque la notevole complessità dell'attività di programmazione della produzione, considerando il numero di variabili, vincoli e funzioni obiettivo che possono essere coinvolti.

Con l'intento di fornire delle linee guida per impostare un modello multi-periodo di programmazione della produzione, il problema che verrà presentato riguarda la programmazione di un impianto industriale. In particolare, verrà analizzato il processo di colata in una fonderia attraverso il quale vengono ottenuti componenti meccanici standard, realizzati sia su ordine specifico del cliente, sia per soddisfare le previsioni formulate da parte della funzione Commerciale.

3.1 Descrizione del caso

Consideriamo un impianto produttivo costituito da una fonderia automatizzata che realizza componenti su disegno standard in quantità medio-alte. Per chiarire meglio il contesto del problema e inquadrarlo rispetto a quanto illustrato nel Capitolo 2, in questo caso faremo riferimento ad un orizzonte temporale dell'ordine di 2-8 settimane e un *time bucket* settimanale (con la possibilità di spingerci fino a un *time bucket* giornaliero, se necessario).

Per comprendere e modellare il problema di programmazione della produzione è necessario illustrare prima di tutto come si svolge il processo produttivo, rappresentato schematicamente in Figura 3.1.

Gli elementi principali del processo produttivo sono i seguenti:

- *Forno di fusione (altoforno)*: l'altoforno rappresenta il luogo dove avviene la preparazione della lega da colare (ad esempio ghisa) secondo la "ricetta" prevista per il prodotto finale. Nel caso in esame è possibile realizzare svariati tipi di lega, caratterizzati da diversi livelli di contenuto di alcuni elementi che conferiscono proprietà peculiari al prodotto.
- *Impianto di formatura stampi*: la colata avviene in stampi realizzati attraverso la costipazione intorno ad un modello – detto *matrice* – di una terra di formatura composta da una miscela di sabbia, leganti e additivi. Tali stampi vengono realizzati in prossimità del sistema di colata attraverso l'utilizzo di una pressa e delle suddette matrici, le quali vengono predisposte nel reparto attrezzeria. Nel caso analizzato, ogni matrice contiene più esemplari dello stesso prodotto, in modo da realizzare stampi a forma multipla in cui più grezzi vengono colati contemporaneamente.
- *Sistema di colata*: la lega fusa preparata nell'altoforno passa nell'impianto di colata e, da qui, agli stampi che vengono movimentati al livello sottostante. Per evitare problemi qualitativi nei prodotti, la velocità di colata deve essere mantenuta il più possibile costante, così come anche la quan-

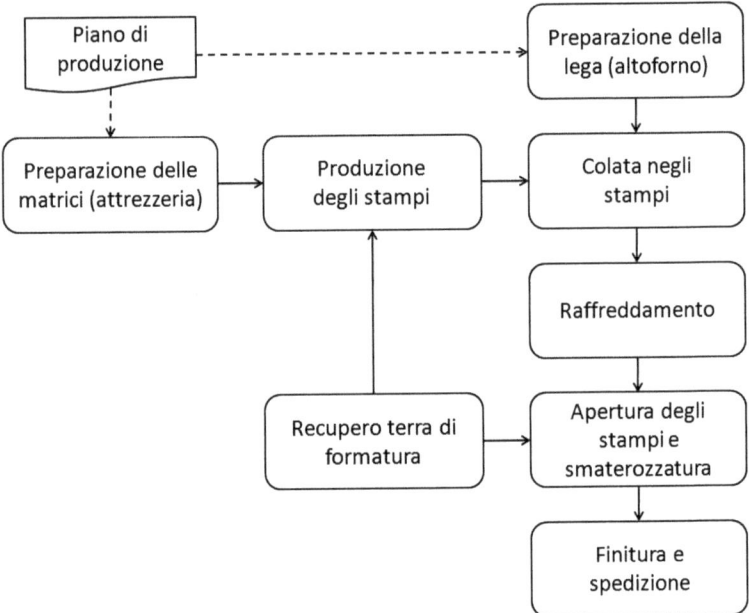

Fig. 3.1. Processo di fusione in terra

tità di lega versata in ogni stampo, indipendentemente dal prodotto da realizzare. Di conseguenza, le matrici sono progettate in modo da produrre stampi che richiedono, approssimativamente e per quanto possibile, la stessa quantità di lega.

- *Circuito di raffreddamento*: una volta versata la lega nello stampo, questo entra in un circuito di raffreddamento per consentire alla lega di raffreddarsi e solidificare. La lunghezza del circuito e il tempo di attraversamento dello stesso è costante e non dipende dal tipo di prodotto – anche in virtù del fatto che tutti gli stampi contengono all'incirca la stessa quantità di materiale – o dal tipo di lega realizzata.
- *Impianto di distaffatura* e *recupero terra di formatura*: al termine del raffreddamento gli stampi vengono aperti, i grezzi (ormai solidificati) estratti e la terra di formatura recuperata per la realizzazione di ulteriori stampi.
- *Reparto attrezzeria*: il reparto attrezzeria è un elemento molto importante dell'impianto poiché ha l'obiettivo di predisporre per tempo le matrici da utilizzare per la realizzazione degli stampi. Ogni matrice deve essere infatti opportunamente predisposta con l'aggiunta degli elementi per la realizzazione dei canali di colata e delle materozze prima di essere utilizzata. Tali elementi vengono successivamente rimossi e rinnovati al successivo utilizzo. Il numero di matrici disponibili è limitato dall'elevato costo di realizzazione delle stesse.

In questo contesto, l'intento è di formulare un modello che permetta di definire il programma di produzione in termini di quali prodotti realizzare e in quali quantità sul prossimo orizzonte temporale di riferimento. La scelta dei prodotti da realizzare è legata in modo indissolubile alle matrici disponibili; pertanto, sarà necessario contemplare nel modello tale disponibilità che rappresenta, all'atto pratico, un vincolo.

Il piano di produzione dovrà essere tale da minimizzare i costi coinvolti nel processo produttivo, e in particolare i costi di mantenimento a stock e i costi di *backlog*. Come vedremo in seguito, possiamo considerare non differenziali i costi di produzione e, quindi, ometterli dalla funzione obiettivo.

Poiché stiamo ragionando sul medio periodo (livello tattico del *framework* di Figura 2.1 nel Capitolo 2), non sarà necessario scendere a un livello di dettaglio molto elevato: potremo trascurare la sequenza di realizzazione dei prodotti nei singoli *time bucket*, limitandoci a definire tipologia e quantità di produzione in ogni *time bucket* nel rispetto dei vincoli imposti dal sistema produttivo nel suo complesso.

A tale proposito, considereremo il vincolo imposto dalla capacità produttiva della fonderia, la quale verrà espressa in termini di numero di stampi colabili per *time bucket*. Tale ipotesi sulla misura della capacità produttiva, seppure possa apparire in generale piuttosto forte, è giustificata dal fatto che il numero di prodotto su ogni matrice è determinato, oltre che dallo spazio disponibile sulla stessa, anche dalla quantità di lega richiesta per il suo riempimento. Come detto in precedenza, tale quantità deve rimanere il più possibile costante per evitare problemi di qualità nei prodotti finiti. In tal senso, definita una quantità massima di lega erogabile dall'altoforno in un *time bucket* e la quantità di lega mediamente presente in uno stampo, è immediatamente possibile definire il numero massimo di stampi colabili.

Ipotizziamo che il cambio di lega nell'altoforno avvenga in tempo mascherato rispetto all'impianto di colata, ossia senza interferire con il processo di colata. Tale ipotesi è giustificata nella realtà dal fatto che la colata non avviene direttamente dall'altoforno agli stampi, ma attraverso un *buffer* intermedio in grado di mantenere la lega allo stato liquido per il tempo necessario. Una volta svuotato il contenuto dell'altoforno nel *buffer* intermedio è possibile procedere alla preparazione di un'altra lega senza interrompere il processo di colata. Questa procedura rende di fatto il numero massimo di stampi colabili in un *time bucket* indipendente dall'attività dell'altoforno e dal numero di leghe prodotte nello stesso *time bucket*.

Analogo discorso può essere fatto per la preparazione delle matrici. Inoltre, la presenza di un piccolo *buffer* di stampi a valle della pressa permette di effettuare il cambio della matrice senza interferire con il processo di colata.

3.2 Formulazione del modello

Parametri e variabili

Identifichiamo prima di tutto i parametri caratteristici del problema e del relativo modello.

Siano dunque:

- P Insieme dei prodotti realizzati nella fonderia. Per ogni prodotto è disponibile una matrice; pertanto $|P|$ rappresenta il numero di matrici disponibili.
- K Insieme delle leghe producibili.
- T Estensione dell'orizzonte di pianificazione espresso in numero di *time bucket*.
- C Capacità produttiva disponibile per *time bucket*, espressa in termini di numero di stampi riempibili (numero di colate) per *time bucket*, assunto costante nell'orizzonte di riferimento e indipendente dai prodotti realizzati.
- m_p Numero di unità di prodotto presenti sulla matrice p. Rappresenta il numero di unità di prodotto p ottenute da un singolo stampo, realizzato con la p-esima matrice.
- d_{pt} Domanda relativa al prodotto p da consegnare nel periodo t, espressa in numero di unità per *time bucket*. Tale domanda è costituita sia da ordini reali, emessi da parte dei clienti, sia da previsioni di vendita comunicate dall'ufficio Commerciale. Il periodo t per il quale è prevista la domanda tiene in conto del tempo necessario allo svolgimento delle attività a valle della distaffatura e del tempo di trasporto al cliente. Se, ad esempio, il tempo necessario a valle della distaffatura è pari a un periodo e il tempo di trasporto è pari a 2 periodi, un ordine da consegnare entro il giorno 10 dovrà essere realizzato entro la fine del giorno 7 in modo da avere ancora i 3 giorni necessari alla consegna. Pertanto, tale ordine ricadrà nella domanda del periodo 7 (d_{p7}) e non in quella del periodo 10.
- D_p Domanda di prodotto p richiesta sull'orizzonte temporale T. Risulta $D_p = \sum_{t \in T} d_{pt}$.
- h_p Costo unitario per *time bucket* di mantenimento a stock. Possiamo assumere che il costo di stoccaggio dipenda dal prodotto p considerato, ad esempio perché proporzionale al valore. In ogni caso è possibile porre $h_p = h \ \forall p \in P$ senza perdita di generalità.
- f_p Costo di *backlog* unitario per *time bucket*. Anche in questo caso il costo di *backlog* può essere espresso in funzione del prodotto o essere assunto uguale per tutti i prodotti.

- S_{pk} Parametro tecnologico binario di composizione dei prodotti, pari a 1 se il prodotto p è realizzato con la lega k, 0 altrimenti. La corrispondenza tra un prodotto e il materiale di cui è fatto è univoca; in altre parole, il tipo di lega con cui realizzare il prodotto p non è una variabile di scelta, né un'opzione per il cliente.
- L Numero massimo di matrici approntabili per ogni periodo da parte del reparto attrezzeria. Tale limite è dovuto al numero di operatori presenti nel reparto.
- G Numero massimo di cambi di materiale (*setup* dell'altoforno) effettuabili per periodo. In altre parole, rappresenta quante diverse leghe è teoricamente possibile produrre in un singolo *time bucket*.

Per la formulazione del piano di produzione utilizzeremo le seguenti variabili:

- x_{pt} Percentuale della capacità C dedicata al prodotto p nel periodo t. In altri termini, la quantità $x_{pt} \cdot C$ rappresenta il numero di stampi di prodotto p utilizzati nel processo di colata nel periodo t. Si può osservare come, molto probabilmente, il numero di stampi risultante sarà non intero. Per ovviare a questa situazione potremmo introdurre una variabile intera Θ_{pt} e porla uguale a $x_{pt} \cdot C$ ma, poiché stiamo ragionando ad un livello di pianificazione sul medio periodo e su grandi quantità, possiamo evitare tale complicazione e assumere che l'arrotondamento di una soluzione frazionaria non introduca grandi deviazioni dall'ottimo reale.
- y_{pt} Variabile binaria pari a 1 se la matrice p è utilizzata nel periodo t, 0 altrimenti.
- z_{kt} Variabile binaria pari a 1 se la lega k è utilizzata nel periodo t, 0 altrimenti.
- I_{pt} Stock di prodotto p al termine del periodo t.
- B_{pt} *Backlog* di prodotto p al termine del periodo t.

Funzione obiettivo

Obiettivo del problema di pianificazione della produzione è la definizione del piano di produzione – in termini di cosa, quanto e quando produrre – che minimizzi il costo totale Z, costituito in questo caso dalla somma dei costi di mantenimento a stock e di *backlog*:

$$Z = \min \sum_{p \in P} \sum_{t \in T} (h_p \cdot I_{pt} + f_p \cdot B_{pt}). \qquad (3.1)$$

Osserviamo come la funzione obiettivo non contempli i costi di produzione. Tale omissione è giustificata dal fatto che possiamo assumere un costo unitario di produzione costante, in quanto non sono menzionate economie di scala. Pertanto, in qualsiasi soluzione il contributo al costo totale Z del costo di produzione sarà costante e pari a $\sum_{p \in P} \omega_p \cdot D_p$, dove ω_p rappresenta il costo unitario di produzione per il prodotto p. Il costo di produzione non è differenziale e può quindi essere omesso.

Considerando l'espressione (3.1), questo tipo di funzione obiettivo emerge nelle situazioni in cui si voglia trovare un bilanciamento tra due condizioni opposte: in questo caso, tra produrre troppo (generando costi di stoccaggio) e produrre troppo poco (determinando costi di *backlog*). I parametri h_{pt} e f_{pt} risulteranno quindi fondamentali nella determinazione della soluzione finale: al crescere di h_{pt} sarà data maggior enfasi al contenimento dello stock, mentre al crescere di f_{pt} aumenterà la puntualità della produzione, a scapito dei costi di stoccaggio.

Il bilanciamento dei due parametri dipenderà da caso a caso, anche se normalmente la puntualità rappresenta un fattore critico e, pertanto, viene privilegiata rispetto ai costi di stoccaggio (e quindi $h_p \leq f_p$).

Vincoli

I vincoli discendono dalle caratteristiche del processo produttivo e dalla disponibilità di risorse chiave, come il reparto attrezzeria e le matrici.

Prima di tutto è necessario assicurare che la produzione realizzata in ogni periodo non ecceda la capacità produttiva disponibile. Per come abbiamo definito la variabile x_{pt}, tale vincolo si esprime come:

$$\sum_{p \in P} x_{pt} \cdot C \leq C \qquad \forall t \in T, \qquad (3.2)$$

o, in modo del tutto equivalente:

$$\sum_{p \in P} x_{pt} \leq 1 \qquad \forall t \in T. \qquad (3.3)$$

Infatti, poiché x_{pt} rappresenta una frazione della capacità totale C, essa non può essere superiore a 1 (100%) in ogni singolo *time bucket*.

In secondo luogo, vogliamo garantire il soddisfacimento dell'intera domanda D_p relativa all'orizzonte di riferimento T:

$$\sum_{t \in T} x_{pt} \cdot C \cdot m_p \geq D_p \qquad \forall p \in P. \qquad (3.4)$$

Infatti, come già visto, $x_{pt} \cdot C$ rappresenta il numero di stampi di prodotto p utilizzati nel periodo t. Poiché ogni stampo contiene m_p unità di prodotto, il vincolo (3.4) assicura che la quantità prodotta sull'intero orizzonte temporale T sia sufficiente a coprire la domanda D_p.

3.2 Formulazione del modello

Poniamo per un momento l'attenzione sul significato del vincolo (3.4) e osserviamo come il vincolo di maggiore-uguale sia piuttosto stringente, richiedendo che entro il termine dell'orizzonte temporale tutta la domanda D_p sia soddisfatta. Affinché ciò sia possibile è necessaria una verifica a priori della capacità produttiva disponibile: infatti, se la domanda $\sum_{p\in P} D_p$ eccede la capacità disponibile sull'orizzonte T, il modello sarebbe non ammissibile (ossia, privo di soluzioni ottime). D'altra parte, osserviamo come la capacità produttiva disponibile espressa in termini di unità di prodotto sia definibile soltanto in termini medi: infatti, abbiamo definito C come numero di stampi colabili, ma il numero reale di unità per tipologia di prodotto dipenderà dalle scelte operate in termini di mix di matrici utilizzate.

Pertanto, potrebbe risultare difficile verificare a priori se la domanda D_p può essere effettivamente soddisfatta o meno. All'atto pratico, la funzione Commerciale utilizzerà dei valori di riferimento standard definiti, ad esempio, su base storica per decidere quali ordini introdurre nella domanda D_p.

Nel caso, invece, non si voglia imporre tale pratica al Commerciale per qualsivoglia ragione, potremmo sostituire nel vincolo (3.4) il segno di maggiore-uguale con un vincolo di minore-uguale. In questo modo, se la domanda D_p supera la capacità produttiva reale, il modello sarà comunque ammissibile potendo lasciare della domanda insoddisfatta al termine dell'orizzonte temporale; sarà successivamente compito del Commerciale decidere come spartire tra i clienti la quantità prodotta, giustificando i ritardi verso quelli che rimarranno insoddisfatti. Sebbene questo secondo modo di procedere possa sembrare poco ragionevole sotto diversi aspetti, è comunque pratica comune in diversi settori fare una sorta di *overbooking* della capacità produttiva.

A questo punto, notiamo che con un vincolo minore-uguale stiamo imponendo che non venga prodotta alcuna unità in più rispetto a quanto richiesto, poiché rappresenterebbe un costo dovuto allo stoccaggio. Questa osservazione permette di affermare che il vincolo (3.4) con segno di minore-uguale è, a tutti gli effetti, ridondante. Infatti, poiché la funzione obiettivo minimizza il costo totale comprendente lo stock, produrre più di quanto necessario comporterebbe un inutile aggravio di costo. In sintesi, quindi:

- volendo assicurare il soddisfacimento della domanda occorre utilizzare il vincolo di maggiore-uguale, con il rischio di rendere il problema inammissibile;
- se accettiamo di avere della domanda insoddisfatta al termine dell'orizzonte di riferimento, è sufficiente rimuovere il vincolo (3.4).

Nel caso in cui volessimo imporre una produzione maggiore rispetto alla domanda in modo da costituire volontariamente dello stock a magazzino da utilizzare nel futuro, potremmo agire in due modi:

- Utilizzare il vincolo di maggiore-uguale e imporre, allo stesso tempo, il valore delle scorte alla fine dell'orizzonte di riferimento T. Se, infatti, non venisse specificato il valore delle scorte alla fine dell'orizzonte di riferimento, la soluzione ottimale non programmerebbe alcuna unità in eccesso poiché ogni unità non coperta da domanda rimarrebbe a scorta generando un costo di mantenimento a stock[2].

- Utilizzare degli ordini fittizi in modo da aumentare la domanda D_p: in questo modo si aumenta in modo artificiale la domanda, considerando il magazzino alla stregua di un cliente esterno.

Sempre con riferimento al vincolo (3.4), possiamo ulteriormente modificarlo per introdurre maggior flessibilità. Sostituiamo il vincolo (3.4) con i seguenti:

$$\sum_{t \in T} x_{pt} \cdot C \cdot m_p \geq D_p \cdot (1 - \epsilon) \qquad \forall p \in P, \qquad (3.5)$$

$$\sum_{t \in T} x_{pt} \cdot C \cdot m_p \leq D_p \qquad \forall p \in P, \qquad (3.6)$$

dove ϵ rappresenta la frazione di domanda che siamo disposti a lasciare scoperta al termine dell'orizzonte di riferimento T. In altre parole, stiamo imponendo un limite al *backlog* al termine di T. In questo modo, vogliamo che la soluzione ci permetta di soddisfare una domanda totale nell'intervallo $[D_p \cdot (1 - \epsilon); D_p]$ avendo a disposizione un'ulteriore leva (ϵ) per porre rimedio a situazioni nelle quali il modello risultasse inammissibile.

Al di là di queste variazioni, nel nostro modello ci atterremo comunque alla versione più restrittiva espressa dal vincolo (3.4).

Dobbiamo ora imporre il rispetto dei vincoli riguardanti il massimo numero di cambi matrice e di cambi lega nell'altoforno. La definizione di questi vincoli risulta semplificata dall'adozione delle variabili y_{pt} e z_{kt}, rispettivamente. Infatti è sufficiente porre:

$$\sum_{p \in P} y_{pt} \leq L \qquad \forall t \in T, \qquad (3.7)$$

$$\sum_{k \in K} z_{kt} \leq G \qquad \forall t \in T. \qquad (3.8)$$

Un ulteriore, fondamentale vincolo riguarda il legame esistente tra la produzione, la domanda, il livello di giacenza e il *backlog*. Per introdurre tale vincolo facciamo riferimento alla Figura 3.2 dove sono rappresentati i flussi in gioco in un generico periodo t, identificato dal cerchio.

In ingresso al periodo t troviamo tutti i flussi che aumentano la quantità disponibile nel periodo t stesso, e cioè la produzione nel periodo t, la scorta disponibile alla fine del periodo precedente t-1 (assumiamo I_{p0} come la scorta

---

[2] Se non venisse imposto il valore delle scorte alla fine dell'orizzonte temporale, la soluzione ottima sarebbe quella di avere scorte nulle nel periodo T. In realtà, potrebbero esserci comunque delle scorte, dovute essenzialmente agli arrotondamenti della soluzione e al fatto che la domanda D_p potrebbe non essere un multiplo esatto nel numero di prodotti sullo stampo.

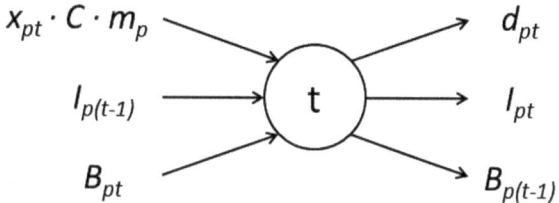

Fig. 3.2. Bilancio dei flussi di produzione, scorta, domanda e *backlog*

disponibile all'inizio dell'orizzonte di programmazione e dovuta alla produzione precedente) e il livello di *backlog* al termine del periodo t. Il *backlog* può essere interpretato come una produzione fittizia che bilancia la domanda, la quale, in realtà, viene posticipata ad un periodo successivo.

In uscita troviamo tutti i flussi che "consumano" la quantità disponibile, e cioè la domanda da soddisfare nel periodo t, il *backlog* del periodo precedente che deve essere recuperato e la quantità di stock che rimarrà disponibile al termine del periodo t.

Facendo il bilancio algebrico di tali flussi, considerando positivi i flussi entranti e negativi i flussi uscenti, otteniamo la seguente espressione che esprime la relazione tra gli elementi in gioco:

$$x_{pt} \cdot C \cdot m_p + I_{p(t-1)} + B_{pt} = d_{pt} + I_{pt} + B_{p(t-1)} \qquad \forall p \in P, t \in T. \quad (3.9)$$

Infatti, per la conservazione del flusso, tutto quello che esce dal "nodo" rappresentativo del *time bucket* deve essere bilanciato da ciò che entra nel nodo stesso.

A questo punto dobbiamo occuparci di mettere in relazione le diverse variabili che sono logicamente collegate. Ad esempio, il legame tra la variabile x_{pt} e la variabile y_{pt} è pressoché immediato: infatti, la quantità di prodotto p realizzata nel periodo t può essere maggiore di 0 se, e solo se, nello stesso periodo t è programmato l'utilizzo della matrice p. Formalmente:

$$x_{pt} \leq y_{pt} \qquad \forall p \in P, t \in T. \quad (3.10)$$

Osserviamo come il vincolo (3.10) esprima le condizioni $x_{pt} > 0 \rightarrow y_{pt} = 1$ e $y_{pt} = 0 \rightarrow x_{pt} = 0$, mentre sarebbe accettabile una soluzione nella quale, a fronte di $x_{pt} = 0$, y_{pt} assumesse il valore 1. Qualora volessimo esprimere la condizione $x_{pt} = 0 \rightarrow y_{pt} = 0$, potremmo introdurre la variabile y nella funzione obiettivo che, essendo di minimizzazione, tenderà a ridurre i contributi non essenziali ai fini della soluzione ottima.

Più articolato è il legame tra la variabile x_{pt} e la variabile z_{kt}. In questo caso, z_{kt} è pari a 1 se, e solo se, per il periodo t è programmata la produzione di almeno un prodotto realizzato con la lega k. Questo vincolo può essere espresso nel seguente modo:

$$\sum_{p \in P} \frac{S_{pk} \cdot y_{pt}}{|P|} - z_{kt} \leq 0 \qquad \forall t \in T, k \in K. \quad (3.11)$$

Per meglio comprendere il significato del vincolo (3.11) consideriamo un prodotto $\widetilde{p}$, un periodo $\widetilde{t}$ e una lega $\widetilde{k}$; se si vuole realizzare il prodotto $\widetilde{p}$ nel periodo $\widetilde{t}$ allora risulterà $y_{\widetilde{p}\widetilde{t}} = 1$ e, pertanto, la quantità $S_{\widetilde{p}\widetilde{k}} \cdot y_{\widetilde{p}\widetilde{t}}$ sarà pari a 1 se, e solo se, il prodotto $\widetilde{p}$ è realizzato con la lega $\widetilde{k}$ (in tal caso, infatti, $S_{\widetilde{p}\widetilde{k}} = 1$). Estendendo il ragionamento a tutti i prodotti in P otteniamo il numero di volte che è stato usato il materiale $\widetilde{k}$ nel periodo $\widetilde{t}$. Dividendo il risultato della sommatoria per il numero di prodotti $|P|$ si otterrà un valore compreso tra 0 e 1; in particolare, tale valore sarà diverso da 0 se, e solo se, almeno un prodotto che utilizza la lega $\widetilde{k}$ è programmato per il periodo $\widetilde{t}$. Pertanto, per il vincolo di disuguaglianza, e ricordando che z è binaria, risulterà $z_{\widetilde{k}\widetilde{t}} = 1$. Se, invece, nessun prodotto che utilizza la lega $\widetilde{k}$ è programmato per il periodo $\widetilde{t}$, la variabile $z_{\widetilde{k}\widetilde{t}}$ potrà essere posta uguale a 0.

Anche in questo caso, il vincolo (3.11) permette di esprimere le condizioni $\sum_{p \in P} \frac{S_{pk} \cdot y_{pt}}{|P|} > 0 \rightarrow z_{kt} = 1$ e $z_{kt} = 0 \rightarrow \sum_{p \in P} \frac{S_{pk} \cdot y_{pt}}{|P|} = 0$.

Il modello è completato dai vincoli sui domini delle variabili:

$$\begin{aligned} x_{pt} &\in [0,1], \\ y_{pt}, z_{kt} &\in \{0,1\}, \\ I_{pt}, B_{pt} &\geq 0. \end{aligned} \qquad (3.12)$$

3.3 Estensioni del modello

3.3.1 Eliminazione del *backlog* per alcuni prodotti

Nel modello illustrato l'opportunità di realizzare un prodotto p piuttosto che incappare in un *backlog* dipende dal compromesso tra i diversi costi h_p e f_p. Quindi, se volessimo essere ragionevolmente sicuri che un prodotto non venga realizzato in ritardo rispetto alla domanda, potremmo intervenire sul relativo costo di *backlog* f_p, aumentandolo gradualmente e risolvendo il modello fino a quando il livello di *backlog* del prodotto in questione non sia sceso sotto il livello desiderato. Alternativamente, invece di agire sui costi di *backlog* (che indurrebbe un costo finale falsato della funzione obiettivo) è possibile agire imponendo un vincolo sulla possibilità di *backlog* di determinati prodotti. Abbiamo già accennato in precedenza in merito alla questione (cfr. Par. 3.2); illustriamo qui ulteriori modi di procedere. Introducendo quindi il parametro binario:

$$N_p = \begin{cases} 1 & \text{se è ammesso } backlog \text{ per il prodotto } p \\ 0 & \text{altrimenti,} \end{cases} \qquad (3.13)$$

possiamo formulare il seguente vincolo, sulla base della logica già adottata in precedenza:

$$B_{pt} \leq N_p \cdot M \qquad \forall p \in P, t \in T, \qquad (3.14)$$

con M *upper bound* che può essere posto uguale a $\max_p (D_p)$.

Il vincolo (3.14) è piuttosto intuitivo: se $N_p = 0$, allora il *backlog* deve essere a sua volta nullo. In altre parole, il vincolo (3.14) forza il *backlog* a 0 per alcuni prodotti, assicurandone così la produzione per tempo. In caso contrario, il *backlog* è ammesso.

Possiamo sfruttare la struttura del vincolo (3.14) per ottenere ancora maggior livello di controllo. Infatti, nella versione proposta, il vincolo (3.14) descrive una condizione binaria, che permette di rappresentare solo casi nei quali il *backlog* è ammesso o non è ammesso.

Modulando opportunamente il valore di N_p possiamo imporre una soglia massima al *backlog* ammesso, soglia che può essere specifica di ogni prodotto p. Scriviamo quindi il vincolo (3.14) nel seguente modo:

$$B_{pt} = \hat{N}_p \cdot d_{pt} \qquad \forall p \in P, \, t \in T, \qquad (3.15)$$

dove $\hat{N}_p$ è un valore reale compreso tra 0 e 1 che rappresenta in termini percentuali il *backlog* ammesso sulla domanda di periodo d_{pt}. In questo modo possiamo regolare il *backlog* per ogni prodotto e per ogni periodo, ad esempio imponendolo piccolo per i prodotti più importanti. In modo del tutto analogo, il vincolo (3.15) può essere ulteriormente rielaborato per imporre il limite in termini di percentuale sulla domanda totale D_p o in funzione di altre considerazioni.

Prima di passare alla successiva estensione del modello sono necessarie due osservazioni. La prima riguarda la risolvibilità del modello: mentre il modello base è praticamente sempre risolvibile (fatta salva l'eccezione, già discussa, in merito al vincolo (3.4)), un vincolo come quello espresso dalle equazioni (3.14) può comportare l'impossibilità di risolvere il problema. Infatti, l'imposizione di produrre l'intera quantità di certi prodotti entro determinate date potrebbe entrare in conflitto con i vincoli che esprimono il numero massimo di matrici approntabili per periodo e il numero massimo di leghe realizzabili per periodo. Da questa prima osservazione ne discende una seconda, relativa al ruolo del modello: la semplice imposizione dei vincoli (3.14) non può garantire il soddisfacimento completo della domanda. Teoricamente sarebbe possibile imporre $N_p = 0$ per tutti i prodotti per massimizzare la puntualità di consegna, ma questo andrebbe a scontrarsi con l'effettiva realizzabilità del programma operativo.

3.3.2 Incompatibilità tra leghe

Oltre al già discusso vincolo sul numero massimo di leghe realizzabili in un singolo *time bucket*, potrebbe essere necessario introdurre un ulteriore vincolo relativo alla compatibilità tra leghe diverse nell'altoforno. Infatti, l'incidentale miscelazione di diverse leghe nell'altoforno (dovuta a residui delle precedenti preparazioni) potrebbe generare prodotti difettosi qualora non venissero rispettate alcune regole fondamentali che, operativamente, si traducono in una serie di vincoli a preparare leghe incompatibili nello stesso *time bucket* per evitare che l'una possa contaminare l'altra[3].

Da un punto di vista logico, il vincolo di incompatibilità tra due leghe $\tilde{i}$ e $\tilde{j}$ può essere espresso come:

$$z_{\tilde{i}t} \cdot z_{\tilde{j}t} = 0 \qquad \forall t \in T, \tag{3.16}$$

il quale però introduce una non-linearità tra i vincoli.

Per implementare questa estensione del modello mantenendo i vincoli lineari occorre definire una matrice binaria A di dimensioni $|K| \times |K|$ il cui elemento a_{ij} è pari a 1 se la lega i e la lega j sono incompatibili, 0 altrimenti. La matrice A è quindi simmetrica con tutti zeri lungo la diagonale, dove la simmetria discende dal fatto che non stiamo considerando la sequenza di colata ma la semplice compresenza di due leghe nello stesso periodo.

Il vincolo di incompatibilità tra le leghe può quindi essere espresso nel seguente modo:

$$z_{it} + z_{jt} \leq 2 - a_{ij} \qquad \forall (i,j) \in K^2 : j < i,\, t \in T, \tag{3.17}$$

dove K^2 rappresenta tutte le coppie (i,j) ottenute dagli elementi presenti in K.

Il vincolo (3.17) permette di evitare di selezionare leghe incompatibili nello stesso periodo: infatti, ipotizzando che le due leghe $\tilde{i}$ e $\tilde{j}$ siano incompatibili, avremo $a_{\tilde{i}\tilde{j}} = 1$ e, quindi, $z_{\tilde{i}t} + z_{\tilde{j}t} \leq 2 - 1 = 1$; pertanto deve essere $z_{\tilde{i}t} = 1$ o $z_{\tilde{j}t} = 1$, ma non entrambe. Notiamo il segno di $\leq$ e non di semplice uguaglianza, in quanto entrambe le variabili potrebbero essere a 0 in un determinato periodo.

Nel caso in cui, invece, le due leghe non siano incompatibili, avremo $a_{\tilde{i}\tilde{j}} = 0$ e $z_{\tilde{i}t} + z_{\tilde{j}t} \leq 2 - 0 = 2$; entrambe le variabili $z_{\tilde{i}t}$ o $z_{\tilde{j}t}$ possono quindi essere simultaneamente pari a 1.

Notiamo infine che nella formulazione del vincolo abbiamo imposto $j < i$, ipotizzando che sia possibile introdurre un ordinamento nell'insieme delle leghe (a tal fine è sufficiente nominare le leghe con un numero progressivo da 1 a $|K|$); poiché abbiamo detto che la matrice A è simmetrica, questa formulazione permette di evitare l'introduzione di vincoli simmetrici, e quindi ridondanti, come ad esempio i seguenti:

$$\begin{aligned} z_{it} + z_{jt} &\leq 2 - a_{ij}, \\ z_{jt} + z_{it} &\leq 2 - a_{ji}. \end{aligned} \tag{3.18}$$

---

[3]Nella realtà, il vincolo è relativo alla possibilità di preparare due leghe incompatibili l'una di seguito all'altra, lasciando aperta la possibilità di produrle nello stesso *time bucket* ma separate l'una dall'altra da altre leghe. Poiché però non ci occuperemo della sequenza di preparazione delle leghe all'interno del *time bucket*, per semplicità assumiamo che leghe incompatibili non possano essere preparate nello stesso *time bucket*.

Sottolineiamo nuovamente in conclusione che il problema non è la sequenza con cui debbano essere preparate le leghe, per cui una lega a basso contenuto di un certo elemento non deve seguire una lega ad alto contenuto dello stesso elemento, mentre è possibile il viceversa. Infatti, il modello presentato non definisce delle sequenze, ma solo quali leghe mettere in produzione in ogni periodo dell'orizzonte T.

3.3.3 Opportunità di raggruppamento

In modo duale a quanto descritto nel Paragrafo 3.3.2, in alcuni casi potrebbe essere conveniente raggruppare nello stesso *time bucket* leghe simili, in modo da ridurre il tempo di cambio nell'altoforno. A tal fine, possiamo modificare la funzione obiettivo introducendo una sorta di premio nei casi in cui vengano prodotte nello stesso periodo leghe che possiamo definire sinergiche.

Introduciamo una matrice binaria U di dimensioni $|K|\times|K|$ il cui elemento u_{ij} è pari a 1 se l'abbinamento delle leghe i e j nello stesso *time bucket* permette di ottenere un risparmio, 0 altrimenti. Anche in questo caso la matrice è simmetrica con tutti zeri lungo la diagonale.

Definiamo inoltre una nuova variabile binaria:

$$w_{ijt} = \begin{cases} 1 & \text{se le leghe } i \text{ e } j \text{ sono programmate nel periodo } t \\ 0 & \text{altrimenti.} \end{cases} \quad (3.19)$$

La variabile w è in relazione con la variabile z tramite la seguente espressione:

$$w_{ijt} = \min(z_{it}, z_{jt}) \quad \forall i \in K, j \in K, t \in T, \quad (3.20)$$

che, in termini lineari, è equivalente alla seguente coppia di vincoli:

$$\begin{aligned} w_{ijt} \leq z_{it} & \quad \forall i \in K, j \in K, t \in T, \\ w_{ijt} \leq z_{jt} & \quad \forall i \in K, j \in K, t \in T. \end{aligned} \quad (3.21)$$

Infatti, come è facilmente verificabile, la variabile w_{ijt} sarà pari a 1 se, e solo se, entrambe le variabili z_{it} e z_{jt} sono pari a 1, e quindi le due leghe i e j sono prodotte nello stesso *time bucket*.

L'accorpamento di due leghe nello stesso periodo può dare luogo ad un risparmio, misurato tramite un premio R, che vada a ridurre il costo totale. Per considerare tale premio nella funzione obiettivo introduciamo un nuovo termine nell'equazione (3.1), che diventa:

$$Z' = \min \sum_{p \in P} \sum_{t \in T} (h_p \cdot I_{pt} + f_p \cdot B_{pt}) - \sum_{\substack{(i,j)\, \in\, K^2 \\ j < i}} \sum_{t \in T} w_{ijt} \cdot u_{ij} \cdot R. \quad (3.22)$$

In sostanza, se due leghe $\tilde{i}$ e $\tilde{j}$ sono prodotte nello stesso periodo $\tilde{t}$ (di conseguenza $w_{\widetilde{ijt}} = 1$) e dalla matrice U risulta che tale accorpamento genera una sinergia ($u_{\widetilde{ij}} = 1$), si potrà contare sul premio R, il quale andrà a controbilanciare i costi di stoccaggio e *backlog*, riducendoli.

La modifica al modello introduce diverse variabili binarie che vanno ad aumentare la complessità del modello stesso, ma in definitiva non si introducono particolari difficoltà implementative. È però importante notare come l'ulteriore leva a disposizione del decisore, rappresentata dal valore del premio R, rischi di aumentare le difficoltà di gestione. Infatti, il parametro R dovrebbe essere opportunamente modulato affinché si possa preservare la priorità del servizio al cliente, evitando situazioni in cui, per ottenere il premio dovuto all'accorpamento di due leghe, si mandino in *backlog* degli ordini cliente.

3.3.4 Imposizione di un vincolo "condizionale"

In alcune situazioni è possibile riscontrare dei vincoli che, generalmente trascurabili, sono applicabili solo in determinate condizioni. Nel caso in cui le condizioni di applicabilità siano verificabili a priori, è possibile decidere se introdurre o meno tali vincoli nel modello prima di passare alla risoluzione. Se, invece, le condizioni di applicabilità del vincolo non sono verificabili a priori ma dipendono dalla soluzione stessa del modello, è necessario utilizzare un opportuno accorgimento per rendere i vincoli "effettivi" (o, in altre parole, effettivamente limitanti) solo quando necessario.

Con riferimento al caso descritto, ipotizziamo che esista una lega $\tilde{k}$ particolarmente critica per l'impianto tale per cui, nel caso venga prodotta in un periodo $\tilde{t}$, la capacità produttiva C nel periodo stesso si riduce ad un valore $\tilde{C} < C$. Tale limitazione non ha invece effetto nel caso in cui la lega $\tilde{k}$ non venga prodotta.

In termini formali, vogliamo imporre un vincolo del tipo:

$$\sum_{p \in P} x_{pt} \cdot C \leq \tilde{C} \qquad \forall t \in T, \tag{3.23}$$

ricordando che $x_{pt} \cdot C$ rappresenta il numero di stampi di tipo p utilizzati nel periodo t essendo C espresso come numero di colate effettuabili per *time bucket*.

Il vincolo (3.23) deve essere applicato e rispettato solo nel caso in cui la lega $\tilde{k}$ sia prodotta (e, pertanto, $z_{\tilde{k}t} = 1$); chiaramente, nella forma attuale, esso è effettivamente limitante della produzione totale, indipendentemente dal valore di $z_{\tilde{k}t}$.

Per rendere l'applicazione del vincolo (3.23) condizionata al valore della variabile $z_{\tilde{k}t}$, riscriviamolo nel seguente modo:

$$\sum_{p \in P} x_{pt} \cdot C - \tilde{C} \leq M \cdot \left(1 - z_{\tilde{k}t}\right) \qquad \forall t \in T. \tag{3.24}$$

Verifichiamo che il vincolo (3.24) sia effettivamente condizionato al valore della variabile $z_{\widetilde{k}t}$: se $z_{\widetilde{k}t} = 1$ allora la parte destra del vincolo diventa 0 e, pertanto, il vincolo è effettivo (infatti ritorna ad essere uguale al vincolo (3.23)). Nel caso, invece, in cui $z_{\widetilde{k}t} = 0$, il vincolo diventa:

$$\sum_{p \in P} x_{pt} \cdot C \leq \widetilde{C} + M \qquad \forall t \in T, \qquad (3.25)$$

non limitante per la presenza del fattore M che rappresenta un *upper bound* per la produzione totale. In questo caso, possiamo assumere $M = C - \widetilde{C}$.

In conclusione, la trasformazione del vincolo (3.23) nella forma (3.24) permette di subordinarne l'applicazione al valore di una decisione del modello (il valore della variabile z).

3.4 Considerazioni conclusive

In conclusione, poniamo l'attenzione sull'ipotesi che il tempo di colata sia indipendente dal tipo di stampo utilizzato (lasciando al lettore la formulazione del relativo modello). Sebbene tale ipotesi rispecchi piuttosto fedelmente la realtà modellata, in altri casi essa potrebbe rivelarsi non adeguata. Nel caso in cui il tempo di colata fosse dipendente dallo stampo usato, allora il modello potrebbe essere riformulato assumendo la capacità C espressa in termini di tempo disponibile per il processo di colata, e indicando tramite la variabile x_{pt} la percentuale del tempo C dedicato allo stampo p nel periodo t. In tal caso, dovremo aggiungere un termine τ_p che esprime il tempo di colata richiesto dalla colata di uno stampo di tipo p in modo da poter esprimere la produzione del generico prodotto p sull'orizzonte T come:

$$\sum_{t \in T} \frac{x_{pt} \cdot C}{\tau_p} \cdot m_p, \qquad (3.26)$$

essendo $\frac{x_{pt} \cdot C}{\tau_p}$ il numero di stampi utilizzati nel *time bucket*.

4

Programmazione della produzione con attrezzature configurabili

La programmazione della produzione, introdotta nel Capitolo 3, comprende un insieme di decisioni nelle quali occorre considerare, oltre alle attività da svolgere, anche le risorse necessarie alla loro realizzazione. Per i nostri scopi, tali risorse possono essere classificate in tre macro categorie:

- *Risorse materiali*: comprende le risorse in *input* al processo produttivo, come ad esempio materiali, componenti e semilavorati. Tali risorse sono destinate a subire una trasformazione a seguito della quale gli *output* risultanti costituiscono un *input* per una fase successiva o un prodotto finale destinato al mercato. La trasformazione di tali risorse attraverso il processo produttivo comporta l'aumento del valore dei materiali processati.
- *Risorse tecnologiche*: comprende macchinari, impianti, attrezzature e strumenti attraverso i quali vengono realizzati i processi di trasformazione delle risorse materiali. Le risorse tecnologiche possono essere *dirette*, se realizzano direttamente la trasformazione (ad esempio, i macchinari e gli impianti di produzione), o *indirette* (o di *supporto*) se contribuiscono in modo indiretto alla trasformazione (ad esempio, attrezzature per il *setup* dell'impianto e sistemi informatici di gestione).
- *Risorse umane*: comprende tutte le persone che svolgono le attività di trasformazione delle risorse materiali, utilizzando le risorse tecnologiche. In tale categoria occorre spesso considerare la presenza di diverse competenze non sempre mutuabili da una persona all'altra nel breve periodo (ad esempio, diverse specializzazioni), nonché diversi livelli di prestazione in termini di produttività.

Oltre a queste categorie, nella programmazione della produzione occorre considerare anche la risorsa tempo, spesso molto critica perché legata alle richieste dei clienti e determinante fondamentale del livello di servizio.

In questo capitolo concentreremo l'attenzione sulla disponibilità di risorse tecnologiche. In particolare, considereremo un problema nel quale una delle risorse tecnologiche fondamentali per la realizzazione del processo produttivo presenta un certo grado di flessibilità, che si concretizza nella possibilità di utilizzare la stessa risorsa (nello specifico, uno stampo) per la realizzazione di prodotti diversi.

Sebbene tale flessibilità rappresenti un fattore di vantaggio, essa introduce anche una maggiore complessità nel processo decisionale, inducendo così la necessità di un supporto specifico che aiuti il decisore nella formulazione della scelta migliore.

4.1 Descrizione del caso

Prendiamo come riferimento per la formulazione del modello un'azienda operante nella produzione di manufatti plastici tramite stampaggio a iniezione. Lo stampaggio a iniezione dei materiali termoplastici è una delle tecnologie più diffuse nella trasformazione delle materie plastiche; tramite questo processo è possibile produrre pezzi di svariate forme e dimensioni, con geometrie anche piuttosto complesse.

La produzione di elementi in plastica tramite stampaggio a iniezione si esegue inserendo la materia prima – in genere polimeri sotto forma di *pellet* – in una pressa apposita, sulla quale è montato uno stampo del prodotto da realizzare. I *pellet* di polimero vengono fusi per ottenere una sostanza fluida e viscosa (processo di *plastificazione*) che è possibile spingere, generalmente attraverso una vite senza fine o altro meccanismo, per riempire le cavità dello stampo (processo di *iniezione*).

Una volta iniettato il materiale plastico nello stampo chiuso segue una fase, cosiddetta di *mantenimento*, durante la quale il materiale si solidifica secondo la forma richiesta. A seguito del raffreddamento, la plastica mantiene la forma prevista dallo stampo.

All'apertura dello stampo il prodotto viene espulso e il ciclo, schematicamente rappresentato in Figura 4.1, può così ricominciare.

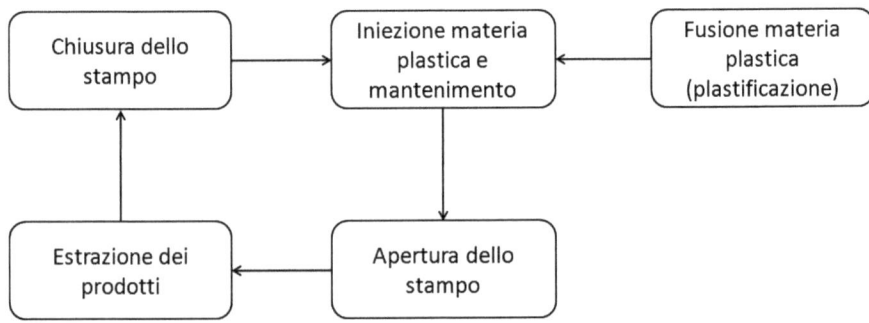

Fig. 4.1. Processo di stampaggio a iniezione

4.1 Descrizione del caso

La fase critica della produzione nel reparto stampaggio plastiche è legata alla disponibilità degli stampi necessari alla realizzazione dei prodotti finali. Tali stampi, realizzati in alluminio o acciaio su disegno dell'azienda, permettono di realizzare una o più unità di prodotto per ogni ciclo di iniezione. Su uno stampo possono anche essere presenti prodotti diversi, in modo che ad ogni ciclo vengano realizzati più prodotti con lo stesso stampo.

Se è vero che il processo di stampaggio può raggiungere elevati livelli di automazione che consentono elevata produttività e bassi costi di produzione, è altrettanto vero che il costo degli stampi e delle presse è generalmente piuttosto elevato. Per questo motivo è stata posta molta attenzione nella progettazione e gestione di questa fondamentale risorsa tecnologica, che ha portato l'azienda a definire due diverse tipologie di stampo:

- *a configurazione fissa*: questi stampi hanno una configurazione invariabile che permette la produzione di un mix fisso e predeterminato di prodotti;
- *a configurazione variabile (o stampi mobili)*: gli stampi a configurazione variabile sono dotati di un certo grado di flessibilità in modo da poter essere predisposti, in base alle esigenze, per produrre mix differenti; ad esempio, uno stampo a configurazione variabile può produrre, in una configurazione, 8 unità del codice *alfa* e, nell'altra, 4 unità di codice *alfa* e 2 unità del codice *beta*. Tale flessibilità non è illimitata, e le configurazioni possibili (generalmente non più di 2 o 3) di ogni stampo mobile sono comunque note a priori.

Gli stampi mobili permettono quindi maggiore flessibilità nel processo produttivo in risposta alle esigenze del mercato e dell'azienda, potendo variare il mix produttivo in base alla domanda.

Appare evidente da queste prime considerazioni come il lavoro richiesto dalla gestione delle due tipologie di stampi sia profondamente differente. Nel caso di stampi mobili, infatti, il personale preposto dovrà effettuare il *setup* dello stampo assemblandone opportunamente gli elementi in base alla configurazione necessaria. Tale lavoro può richiedere diverse ore in funzione del tipo di stampo, della dimensione e della complessità dei pezzi da realizzare, il che comporta un limite al numero massimo di preparazioni per *time bucket* che possono essere effettuate. Inoltre, assumendo il giorno come *time bucket*, sempre a causa dei tempi di preparazione, una volta configurato uno stampo mobile non sarà possibile riutilizzare lo stesso stampo in una configurazione diversa all'interno dello stesso *time bucket*, mentre sarà possibile cambiarne la configurazione per i periodi successivi.

Una volta approntato lo stampo e montato sulla pressa, il tempo di ciclo dello stampaggio dipende dalla dimensione e dal numero di modelli presenti sullo stampo; pertanto, la capacità produttiva espressa in unità di prodotto su un orizzonte temporale di riferimento dipenderà dal mix di prodotti realizzati.

La produzione ottenuta dal processo di stampaggio è utilizzata per far fronte a una domanda caratterizzata dalla tipologia di componenti desiderati, dalla quantità per ogni tipologia e dalla data richiesta di consegna. Il piano di produzione formulato tramite il modello sarà quindi costituito da un mix tempificato di prodotti tale da soddisfare le richieste dei clienti in termini di tipologia, quantità e tempi di risposta.

La programmazione della produzione viene svolta con orizzonte settimanale, in modo tale da avere una visione più ampia dei fabbisogni dei clienti, e *time bucket* giornaliero. Ciò consente di aggregare più ordini sulla base delle date di consegna e delle tipologie di prodotto richieste.

Nello specifico lo scopo del modello è duplice:

- definire il mix di stampi da utilizzare in ogni periodo t dell'orizzonte temporale di riferimento;
- definire le quantità di prodotti da realizzare in ogni periodo e per ogni stampo utilizzato.

Per formulare un adeguato modello dovremo tener conto di una serie di vincoli:

- La capacità produttiva massima dell'impianto. Nel caso in cui il tempo unitario di produzione fosse indipendente dal prodotto realizzato, potremmo operare come illustrato nel Capitolo 3, esprimendo la capacità in numero totale di cicli di iniezione che possono essere effettuati per periodo. Nel caso in esame, invece, poiché il tempo unitario di produzione dipende dai prodotti realizzati (o, più precisamente, dallo stampo utilizzato), esprimeremo la capacità produttiva in termini di tempo disponibile per la produzione.
- Le tipologie e le quantità dei prodotti che possono essere realizzati tramite le diverse possibili configurazioni degli stampi mobili.
- Il numero massimo di stampi mobili approntabili nel singolo periodo.
- Le richieste dei clienti in termini di quantità da produrre e le relative date di consegna.

Tali vincoli saranno espressi in funzione di opportune variabili che si tradurranno in ricavi e costi da sostenere nell'ambito dell'attività produttiva. Nel caso specifico, ipotizziamo che non sia ammesso *backlog* (sebbene tale ipotesi potrà facilmente essere rimossa), considerando come costi quelli relativi all'eventuale mantenimento a stock della produzione e all'approntamento degli stampi mobili.

L'obiettivo del modello consisterà quindi nell'ottimizzare l'utilizzo degli stampi, che costituiscono la risorsa critica per la produzione, minimizzando i suddetti costi.

4.2 Formulazione del modello

Parametri e variabili

La formulazione del modello utilizza i seguenti parametri:

- P Insieme dei prodotti realizzabili.
- J Insieme degli stampi disponibili, sia fissi che a configurazione variabile.
- A_j Insieme delle configurazioni alternative dello stampo j. Per uno stampo fisso $\tilde{j}$ si avrà una sola configurazione $\left(\left|A_{\tilde{j}}\right| = 1\right)$, mentre per uno stampo mobile ve ne sarà più di una. Nel caso analizzato possiamo assumere che, per qualsiasi coppia di stampi j_1 e j_2 in J, sia valida la relazione $A_{j_1} \cap A_{j_2} = \oslash$. In altre parole, gli stampi hanno tutte configurazioni di mix di prodotti diverse e non ci sono due stampi con la stessa configurazione.
- K Insieme di tutte le possibili configurazioni A_j degli stampi, ossia $K = \bigcup_{j \in J} A_j$. Per quanto affermato riguardo A_j, risulta anche $|K| = \sum_{j \in J} |A_j|$.
- N Numero massimo di stampi mobili approntabili per periodo.
- T Orizzonte temporale di riferimento (ad esempio, 1 settimana con *time bucket* giornaliero).
- Q_{pk} Numero di unità di prodotto p presenti sulla k-esima configurazione degli stampi. Per brevità, nel proseguo ci riferiremo ad essa semplicemente come allo stampo k.
- d_{pt} Domanda per il prodotto p da consegnare nel periodo t, espressa in numero di unità.
- C Capacità produttiva dell'impianto, espressa in tempo disponibile per la produzione in ogni *time bucket*. Ipotizzando che l'attività di cambio stampo sulla pressa avvenga in *tempo mascherato* – ossia con la macchina in funzione – la capacità produttiva è sostanzialmente indipendente dal numero di *setup* effettuati, mentre dipenderà in modo sostanziale dal mix di stampi utilizzati.
- η_k Tempo unitario di produzione per lo stampo k. Esprime il tempo necessario alla realizzazione di un ciclo completo dall'iniezione all'estrazione dei prodotti utilizzando lo stampo k.
- s_k Costo connesso alla preparazione dello stampo k.

La Figura 4.2 schematizza le relazioni intercorrenti tra i diversi insiemi J, K e A_j: lo stampo j_1 è uno stampo a configurazione fissa, che origina un solo stampo k_1 (di conseguenza A_{j_1} conterrà un solo elemento), mentre j_2 è uno stampo mobile, configurabile in due modi diversi k_2 e k_3.

56   4 Programmazione della produzione con attrezzature configurabili

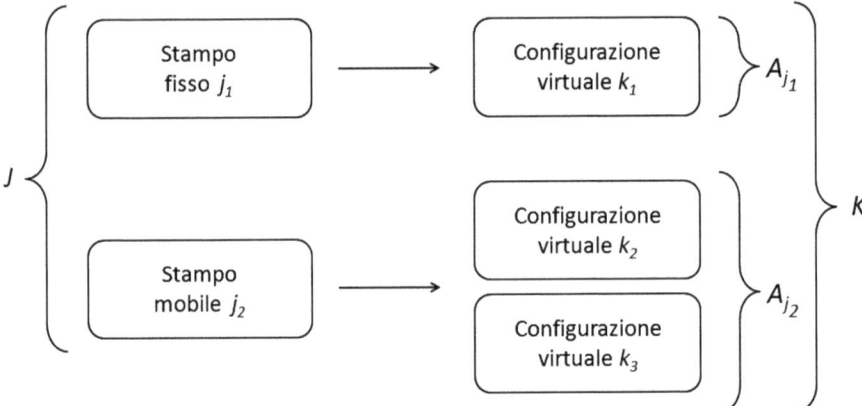

Fig. 4.2. Trasformazione degli *input*: da stampi reali a "stampi virtuali"

L'utilizzo dell'insieme K permette una formulazione del modello che non necessita di distinguere tra stampi fissi e stampi mobili. Pertanto, le variabili coinvolte nel modello sono:

- x_{kt} Variabile binaria pari a 1 se lo stampo k è utilizzato nel periodo t, 0 altrimenti.
- y_{pkt} Quantità di prodotto p realizzata nel periodo t utilizzando lo stampo k.
- z_{kt} Frazione della capacità produttiva C assegnata allo stampo k nel periodo t.
- I_{pt} Stock di prodotto p al termine del periodo t.

Funzione obiettivo

Nel caso in cui si assuma che non sia ammesso *backlog*, la funzione obiettivo più semplice consiste nella minimizzazione del costo Z dato dalla somma dei costi di stoccaggio della produzione e di predisposizione degli stampi, cercandone il bilanciamento più opportuno:

$$Z = \min \sum_{p \in P} \sum_{t \in T} (h_p \cdot I_{pt}) + \sum_{k \in K} \sum_{t \in T} s_k \cdot x_{kt}. \tag{4.1}$$

Notiamo che la funzione obiettivo (4.1) assume che ogni volta che uno stampo viene utilizzato sia necessario effettuare delle attività di preparazione dello stesso. Tale assunzione può essere considerata valida secondo un approccio cautelativo, ma trascura quelle situazioni nelle quali lo stesso stampo viene utilizzato per più periodi consecutivi (ad esempio, tra le fine del periodo t e l'inizio del periodo $t+1$). D'altra parte, a questo livello di pianificazione non stiamo considerando le sequenze di utilizzo degli stampi, ragione per la quale sarebbe difficoltoso modellare la situazione suddetta.

Per semplicità utilizzeremo quindi la funzione obiettivo (4.1), lasciando al lettore la formulazione nel caso in cui sia ammesso il *backlog* (cfr. Cap. 3).

Vincoli

I vincoli del modello riguardano, in primo luogo, la disponibilità delle risorse di produzione, in questo caso identificabili con gli stampi. Come illustrato in precedenza, gli stampi disponibili sono di due tipi, fissi e mobili. Per questi ultimi occorrerà definire quale specifica configurazione dovrà essere utilizzata in un dato periodo dell'orizzonte di pianificazione, in modo da impedire l'utilizzo dello stesso stampo in due configurazioni differenti nello stesso *time bucket*.

Per il modello presentato di seguito si è operata una trasformazione preliminare dei dati di *input*, convertendo ogni stampo mobile in un numero di stampi fissi equivalente alle configurazioni possibili dello stampo stesso, come discusso in precedenza (Fig. 4.2). Quindi, se uno stampo mobile può essere configurato in m modi diversi, si considereranno al suo posto m stampi fissi, uno per ogni configurazione alternativa. In questo modo si avranno a disposizione solo stampi fissi, ognuno dotato di una particolare configurazione per realizzare i prodotti.

Operando in tal modo si dovrà tener conto del fatto che in ogni periodo sarà possibile utilizzare una sola configurazione; quindi, gli m stampi fissi "virtuali" corrispondenti ad uno stampo mobile non potranno essere utilizzati nello stesso periodo. Fatta questa assunzione circa la disponibilità delle risorse, veniamo alla formulazione dei vincoli.

In primo luogo, vogliamo garantire il soddisfacimento della domanda: per fare questo ricorriamo ad un vincolo di bilanciamento della produzione e delle scorte:

$$\sum_{k \in K} y_{pkt} + I_{p(t-1)} = d_{pt} + I_{pt} \qquad \forall p \in P, t \in T. \quad (4.2)$$

Come già discusso nel Capitolo 3, questo vincolo permette di legare la produzione, la domanda e le scorte (oltre al *backlog*, qualora fosse consentito).

La quantità prodotta y_{pkt} dipende da due fattori:

- la frazione della capacità produttiva C assegnata allo stampo k nel periodo t, espressa dalla variabile z_{kt};
- il numero di prodotti di tipo p realizzabili con lo stampo k, rappresentato dal parametro Q_{pk}.

Pertanto, la quantità di prodotto p realizzata tramite lo stampo k nel periodo t è espressa dal seguente vincolo:

$$y_{pkt} = \frac{z_{kt} \cdot C}{\eta_k} \cdot Q_{pk} \qquad \forall p \in P, \, k \in K, \, t \in T. \quad (4.3)$$

58   4 Programmazione della produzione con attrezzature configurabili

Infatti, $z_{kt} \cdot C$ esprime la frazione del tempo totale disponibile assegnata allo stampo k. Tale tempo, diviso per il tempo di ciclo relativo alla stampo k (η_k), fornisce il numero di cicli di iniezione effettuati utilizzando lo stampo k. La moltiplicazione finale per Q_{pk} converte il numero di cicli in unità di prodotto per ogni tipo.

Si può osservare come, molto probabilmente, il numero di pezzi risultante sarà non intero, non avendo imposto alcuna condizione su y in tal senso. Poiché però stiamo operando ad un livello tattico di pianificazione sul medio periodo e su grandi quantità, possiamo assumere che un successivo arrotondamento della soluzione non introduca grandi deviazioni dall'ottimo reale.

Il vincolo (4.3) da solo non è sufficiente; infatti, è necessario garantire il legame tra la produzione tramite lo stampo k-esimo e il fatto che tale stampo sia stato effettivamente programmato per l'utilizzo nel periodo t. In altri termini, la quantità y_{pkt} può essere non nulla se e solo se il relativo stampo k è stato selezionato, ossia:

$$y_{pkt} \leq x_{kt} \cdot M \qquad \forall p \in P, k \in K, t \in T, \tag{4.4}$$

dove M è il consueto *upper bound*, che in questo caso può essere posto pari a $\sum_{t \in T} d_{pt}$. Osserviamo come il vincolo (4.4) esprima le relazioni $y_{pkt} > 0 \to x_{kt} = 1$ e $x_{kt} = 0 \to y_{pkt} = 0$, mentre la relazione $y_{pkt} = 0 \to x_{kt} = 0$ è assicurata dalla presenza della variabile x nella funzione obiettivo; infatti, nel caso y_{pkt} fosse nulla, non avrebbe alcuna utilità sostenere un costo s_k per approntare uno stampo, e pertanto $x_{kt} = 0$.

Il successivo vincolo è relativo alla saturazione della capacità produttiva C in ogni periodo dell'orizzonte di pianificazione. Nel caso si voglia saturare l'impianto al 100% potremo imporre il seguente vincolo:

$$\sum_{k \in K} z_{kt} = 1 \qquad \forall t \in T. \tag{4.5}$$

Vedremo nelle successive estensioni come imporre dei limiti sia alla saturazione massima sia alla saturazione minima.

Dobbiamo ora imporre un limite all'utilizzo di configurazioni alternative dello stesso stampo, all'interno di un *time bucket*. Poiché abbiamo definito l'insieme A_j delle alternative del generico stampo j, è sufficiente imporre che la somma delle variabili x estesa a tali configurazioni sia al più pari a 1:

$$\sum_{k \in A_j} x_{kt} \leq 1 \qquad \forall t \in T, j \in J. \tag{4.6}$$

In questo modo è possibile evitare che lo stesso stampo venga programmato in due o più configurazioni diverse tra quelle disponibili all'interno dello stesso *time bucket*.

Tale vincolo sottintende il fatto che il tempo di *setup* dello stampo sia inferiore ad un *time bucket*; infatti, se lo stampo $\tilde{j}$ viene utilizzato nella configurazione $k_1 \in A_{\tilde{j}}$ nel periodo t_1, allora potrà essere utilizzato nella configurazione

$k_2 \in A_{\tilde{j}}$ nel periodo t_2. Poiché non ci occupiamo della sequenza di produzione, a questo livello non possiamo evitare che lo stampo k_1 sia richiesto alla fine del periodo t_1 e lo stampo k_2 all'inizio del periodo t_2, non lasciando il tempo materiale per la sua preparazione. Questo ulteriore vincolo dovrà essere tenuto in considerazione dalla fase di programmazione successiva, relativa alla *schedulazione*, la quale dovrà fornire una sequenza fattibile di utilizzo degli stampi.

Infine, con riguardo all'attività di preparazione degli stampi, vogliamo imporre un limite al numero massimo di stampi mobili richiesti in un periodo, in modo da non sovraccaricare le risorse dedicate a tale attività. Tale limite è espresso dal parametro N introdotto in precedenza, valutato sia in base al numero di risorse disponibili sia in base alle necessità della produzione. Infatti, seppure si avessero a disposizione molte risorse per effettuare la preparazione degli stampi, un numero elevato di cambi limiterebbe l'efficienza del sistema.

Per rappresentare il vincolo sul numero massimo di stampi mobili approntabili nel singolo *time bucket* introduciamo l'insieme H delle configurazioni relative ai soli stampi mobili, riconoscibili in quanto la cardinalità del relativo insieme A_j è almeno pari a 2:

$$H = \cup_{j:|A_j|\geq 2} A_j. \tag{4.7}$$

In questo modo possiamo esprimere il vincolo relativo al numero massimo di stampi mobili approntabili come segue:

$$\sum_{h \in H} x_{ht} \leq N \quad \forall t \in T. \tag{4.8}$$

Chiaramente questo vincolo può essere facilmente esteso al caso in cui anche gli stampi fissi necessitino di un tempo di approntamento. A questo proposito, non sarà sfuggito il fatto che tale vincolo richiede di definire a priori il parametro N, il quale però può dipendere dal tipo di stampi approntati. Infatti, alcuni stampi mobili potrebbero richiedere un maggior tempo di approntamento rispetto ad altri, e di conseguenza il numero massimo di stampi approntabili nel *time bucket* dipenderà dalla scelta degli stampi stessi. Vedremo in una successiva estensione del modello come ovviare a questa situazione.

4.3 Estensioni del modello

4.3.1 Vincoli di saturazione minima e massima

Nella formulazione del vincolo (4.5) abbiamo esplicitamente ipotizzato di voler saturare al 100% l'impianto, avendo posto pari a 1 la somma delle frazioni di capacità produttiva allocate alle diverse configurazioni degli stampi. In realtà, in molti casi potrebbe essere richiesto di lasciare una certa percentuale di capacità inutilizzata, ad esempio per garantire sufficiente flessibilità in grado di far fronte a imprevisti picchi di domanda.

Allo stesso tempo, generalmente è necessario garantire un livello di saturazione minimo, sia per motivi economici (dovuti ai costi fissi da ripartire sulla produzione) sia per ridurre l'incidenza di quei difetti che si originano – soprattutto in produzioni per processo – quando l'impianto opera troppo al di sotto della propria potenzialità.

A ragione della scelta delle variabili, questa estensione risulta molto semplice, risolvendosi nella modifica dei soli vincoli (4.5).

Supponendo di imporre un livello massimo di saturazione pari ad $\alpha \in (0,1)$ possiamo scrivere:

$$\sum_{k \in K} z_{kt} \leq \alpha \quad \forall t \in T. \tag{4.9}$$

Allo stesso modo, per garantire una saturazione minima possiamo imporre il seguente vincolo:

$$\sum_{k \in K} z_{kt} \geq \beta \quad \forall t \in T, \tag{4.10}$$

dove $\beta \in (0,1)$ e $\beta \leq \alpha$.

Si osservi, infine, come entrambi i vincoli (4.9, 4.10) possano essere facilmente estesi alla dimensione temporale utilizzando dei parametri α_t e β_t, permettendo così di modulare la saturazione dell'impianto in funzione del tempo (ad esempio, riducendo la saturazione in previsione di un periodo di maggiore volatilità del mercato e degli ordinativi, oppure lasciando margini più ampi per i periodi più lontani rispetto a quelli più prossimi).

4.3.2 Tempo massimo per l'approntamento degli stampi

Nel caso descritto si è assunto un numero massimo di stampi approntabili nel singolo *time bucket* pari a N. Tale assunzione implica che il tempo di approntamento degli stampi sia indipendente dagli stampi selezionati.

Poiché nella realtà il tempo di approntamento potrebbe non essere uguale per tutti gli stampi, è necessario collegare il numero massimo di stampi approntabili nel singolo periodo con il tempo di approntamento richiesto da ogni specifico stampo. In questo modo, se il tempo richiesto dall'approntamento è basso si potranno effettuare più approntamenti, e viceversa nel caso in cui i tempi di approntamento sono alti.

Introduciamo quindi due ulteriori parametri:

- τ_k Tempo di approntamento per lo stampo k. Si noti che τ è esteso a tutto l'insieme K, per cui consideriamo un tempo di approntamento, ancorché minimo, anche per gli stampi fissi.
- W Tempo massimo disponibile per l'approntamento degli stampi.

Utilizzando questi due parametri possiamo limitare il numero massimo di approntamenti per periodo in modo dinamico, in funzione del tipo di stampi

4.3 Estensioni del modello   61

selezionati, sostituendo il vincolo (4.8) con il seguente:

$$\sum_{k \in K} \tau_k \cdot x_{kt} \leq W \qquad \forall t \in T. \tag{4.11}$$

Dato il vincolo (4.11), il numero di stampi approntati in ogni periodo dipenderà dall'entità dei valori di τ degli stampi selezionati, in modo da ovviare alla necessità di definire a priori il valore del parametro N. Chiaramente, possiamo ugualmente mantenere un vincolo tipo (4.8) qualora volessimo imporre un limite al numero di stampi da approntare in un periodo, indipendentemente dagli stampi selezionati.

4.3.3 *Lead time* di preparazione degli stampi

Tra le ipotesi avanzate per la formulazione del modello base abbiamo assunto che la configurazione di uno stampo mobile, pur non potendo essere modificata all'interno di un periodo, possa essere cambiata da un periodo al successivo. Tale ipotesi, però, non riflette quei casi in cui il tempo di preparazione di uno stampo risulti essere molto alto, tale per cui è necessario considerare un intervallo di tempo maggiore tra l'utilizzo di due configurazioni diverse dello stesso stampo. Ad esempio, ipotizziamo di voler garantire almeno un periodo di distanza tra due utilizzi consecutivi dello stesso stampo in configurazioni diverse; per fare questo possiamo aggiungere i seguenti vincoli:

$$\sum_{\substack{k \in A_j \\ l \in A_j \\ k \neq l}} \left(x_{kt} + x_{l(t+1)} \right) \leq 1 \qquad \forall j \in J : |A_j| \geq 2,\ t = 1...|T|-1. \tag{4.12}$$

Vediamo nel dettaglio il funzionamento dei vincoli (4.12). Consideriamo uno stampo j e le sue possibili configurazioni alternative A_j: ipotizziamo, per semplicità e senza perdita di generalità, di avere due sole alternative k_1 e k_2. La somma estesa a tutte le configurazioni $k \in A_j$ nel periodo t può essere al più pari a 1, per via dei vincoli (4.6), ad indicare che una sola configurazione può essere selezionata per il periodo t.

Considerando ora il periodo $t+1$, lo stampo j non potrà avere una configurazione diversa da quella in t; pertanto, se $x_{k_1 t} = 1$, allora, per rispettare il vincolo (4.12), dovrà essere $x_{k_2(t+1)} = 0$. Osserviamo peraltro come il vincolo così imposto non vieti di utilizzare la stessa configurazione in due periodi successivi; infatti, poiché la sommatoria è estesa a $k \neq l$, non viene preclusa la soluzione $x_{k_1 t} = 1, x_{k_1(t+1)} = 1$ (né, tanto meno, la soluzione $x_{k_1 t} = 0, x_{k_2(t+1)} = 0$).

È opportuno evidenziare la complessità di questo approccio. Infatti, sebbene i vincoli (4.12) possano essere limitati agli stampi che effettivamente hanno delle configurazioni alternative (cioè quelli per cui $|A_j| \geq 2$), il numero di vincoli cresce in modo praticamente esponenziale al crescere di $|K|$ e $|T|$.

4.3.4 *Setup* della macchina in tempo non mascherato

Vogliamo ora rimuovere l'ipotesi che il cambio degli stampi sulla macchina avvenga in tempo mascherato, ossia senza interferire con il suo normale funzionamento. Oltre al tempo necessario alla preparazione degli stampi τ, infatti, consideriamo anche un tempo di fermo macchina, indipendente dal tipo di stampo, per l'effettuazione del *setup*. Sotto queste ipotesi, la formulazione del modello dovrà tenere in conto il fatto che la capacità totale disponibile C dipenderà dal numero di *setup* effettuati in ogni periodo: maggiore il numero di *setup*, minore il tempo disponibile per la produzione.

Introduciamo un parametro ϑ rappresentativo del tempo necessario all'esecuzione di un *setup* di cambio stampo. In questa versione, il valore di ϑ è assunto uguale per tutti gli stampi, sebbene sia facilmente indicizzabile in base alle diverse configurazioni k.

Dobbiamo ora vincolare il tempo dedicato alla produzione rispetto al numero di *setup* effettuati e, quindi, al numero di stampi selezionati per ogni periodo. In altri termini, ogni stampo k selezionato per essere utilizzato nel periodo t riduce il tempo disponibile alla produzione di una quantità pari a ϑ a causa del *setup* necessario a renderlo operativo sulla pressa. Ne consegue che il tempo dedicabile alla produzione dovrà rispettare il seguente vincolo:

$$\sum_{k \in K} z_{kt} \cdot C \leq C - \vartheta \cdot \left(\sum_{k \in K} x_{kt} - 1 \right) \qquad \forall t \in T. \qquad (4.13)$$

Analizziamo in dettaglio i vincoli (4.13). Osserviamo in primo luogo che, nel caso ϑ fosse nullo, otterremmo di nuovo i vincoli (4.9), con $\alpha = 1$, che avevamo impostato nel caso in cui si era assunto un *setup* effettuato in tempo mascherato.

Con ϑ non nullo, ogni stampo k selezionato ($x_{kt} = 1$) riduce il tempo disponibile C di ϑ unità di tempo. Il fattore -1 tra parentesi nella parte destra dell'equazione è dovuto al fatto che il tempo necessario al primo *setup* del periodo può essere a priori escluso da C. In altri termini, se si utilizzasse un solo stampo nel periodo t, risulterebbe $\sum_{k \in K} x_{kt} = 1$ e il relativo *setup* potrebbe essere fatto prima dell'avvio effettivo del turno produttivo, senza quindi intaccare C. È altresì sottinteso che $\sum_{k \in K} x_{kt} \geq 1$ in ogni periodo, in quanto si assume che l'impianto debba funzionare su tutto l'orizzonte T e che quindi utilizzi almeno uno stampo in ogni periodo (tale condizione è peraltro garantita nel caso in cui si imponga un livello di saturazione minimo dell'impianto attraverso il vincolo (4.10)).

Infine, potremmo facilmente includere il costo di *setup* nella funzione obiettivo aumentando il valore del parametro s_k.

4.4 Considerazioni conclusive

Il problema illustrato, insieme alle varie estensioni presentate, ha permesso di evidenziare alcuni aspetti fondamentali nella formulazione di un programma di produzione. Tra questi, la possibilità di collegare la produttività totale del sistema al numero di *setup*, i quali, pur essendo necessari, rappresentano spesso un fattore di grande criticità.

Abbiamo inoltre menzionato più volte il fatto che la sequenza di utilizzo degli stampi non rappresenta, a questo livello di analisi, un fattore da considerare. La sequenza di utilizzo di una risorsa, piuttosto che la sequenza di lavorazione di diversi prodotti, diventa un fattore di estrema rilevanza quando si procede ad effettuare una pianificazione sul breve-brevissimo termine, dove è necessario *schedulare* tutte la azioni da effettuare con il relativo *timing*. Al complesso e articolato tema della schedulazione dedichiamo il prossimo capitolo.

5
Schedulazione e bilanciamento di un reparto produttivo

La programmazione della produzione presentata nei Capitoli 3 e 4 permette di formulare decisioni molto importanti per la gestione del *business* attraverso la definizione dei carichi di lavoro delle singole risorse a livello di *time bucket*. Tale livello di dettaglio, sebbene sufficiente ai fini del processo decisionale di medio periodo, manifesta tutta la sua inadeguatezza quando si rende necessario prendere in considerazione elementi più puntuali, quali ad esempio l'ora o il minuto in cui iniziare un'attività, o la sequenza temporale secondo la quale le attività devono essere realizzate. Per fornire una risposta a tale livello di dettaglio è necessario ricorrere a un ulteriore processo decisionale: il processo di schedulazione.

La schedulazione della produzione è un processo decisionale di livello operativo (Fig. 2.1) che permette di allocare le risorse produttive alle diverse attività da realizzare (indicate con i termini *task* o *job*) – le quali generalmente coinvolgono una o più risorse, siano esse umane, tecnologiche o di altro tipo – e di determinare l'istante temporale in cui eseguire ognuna cercando di perseguire uno o più obiettivi[1]. Il processo di schedulazione si attiva a valle della programmazione operativa, dalla quale prende in *input* i risultati per raffinarli, portandoli ad un livello di dettaglio più elevato, consono con l'obiettivo per cui la schedulazione è concepita.

---

[1]Rispetto a quanto discusso nei capitoli precedenti, il confine tra programmazione operativa e schedulazione appare piuttosto sfumato, in quanto in precedenza abbiamo operato un'allocazione delle risorse ad un livello tattico, mentre ora stiamo operando a livello operativo. Ciò che cambia, in realtà, è da una parte il livello di dettaglio nell'allocazione (per cui se a livello tattico si ragiona in termini di insiemi di risorse, a livello operativo si ragiona in termini di singola macchina o persona) e, dall'altra, il grado di flessibilità della scelta operata, maggiore a livello tattico e minore a quello operativo. Pertanto, anche a livello di schedulazione può essere prevista o meno una decisione circa l'allocazione delle risorse.

Il processo di schedulazione permette dunque di operare tre decisioni fondamentali, fortemente correlate:

- *Allocazione delle attività* alle specifiche risorse tecnologiche e umane. Notiamo come questa decisione sia in realtà al confine con la programmazione operativa, dove è possibile effettuare una prima allocazione alle risorse disponibili. La distinzione risiede nel fatto che, nel caso di programmazione operativa, le risorse possono essere considerate in modo aggregato come un'unica risorsa in grado di erogare una certa quantità di lavoro; al contrario, nella schedulazione viene individuata la specifica risorsa (macchina o persona) che dovrà eseguire l'attività in un determinato intervallo di tempo. D'altra parte, questa distinzione potrebbe anche non essere rilevante, come ad esempio nel caso in cui il sistema sia costituito da una sola macchina.
- *Allocazione nel tempo*, intesa come definizione dell'istante di avvio delle singole attività. Mentre nel caso della programmazione operativa vista nel Capitolo 3 l'allocazione temporale era fatta con un livello di dettaglio basso (ad esempio, sul giorno), nella schedulazione l'allocazione temporale è effettuata su una scala molto più dettagliata (sull'ora o, in alcuni casi, sul minuto). In altre parole, mentre la scansione temporale è nell'ordine di giorni o settimane nel caso della programmazione operativa, essa diventa di ore o minuti nel caso della schedulazione.
- *Sequenziamento* delle attività sulle singole risorse, in modo da ridurre sprechi e sfridi di tempo dovuti al passaggio da un'attività alla successiva. L'esempio probabilmente più classico è quello della produzione di vernici, dove la sequenza è fondamentale per ridurre i tempi improduttivi di *setup* nel passaggio da un colore al successivo: a tale scopo, il passaggio da colori chiari a colori via via più scuri permette un risparmio di tempo nel *setup* del macchinario, che richiederebbe invece maggior tempo (ad esempio, per essere pulito più a fondo) nel caso di passaggio da un colore scuro ad un colore chiaro.

Una delle principali difficoltà nel processo di schedulazione in casi reali consiste nel fatto che le risorse sono disponibili in quantità limitata e, di conseguenza, non sempre disponibili in quanto già impegnate – nel caso di macchinari o persone – o terminate – nel caso di materiali e componenti –.

Un ulteriore fattore di complicazione è dovuto alla presenza di vincoli di sequenzialità nel caso in cui un *task* consista di più sotto-attività; se tali sotto-attività non possono essere poste in parallelo, quella che segue potrà iniziare solo al termine di quella che precede, elevando il problema ad un livello di complessità maggiore.

Generalmente i modelli di schedulazione dipendono dal contesto cui si riferiscono; pertanto è necessario introdurre una breve classificazione.

5.1 Tipologie di sistema produttivo

I modelli di schedulazione dipendono in larga misura dal tipo di sistema produttivo cui ci si riferisce. In questo senso possiamo distinguere:

- *Problemi a singola fase*: sono problemi nei quali viene effettuata una sola attività (ad esempio, una sola lavorazione). Tale fase può essere effettuata avendo a disposizione una o più risorse alternative in grado di realizzare l'attività; in tal senso, abbiamo l'ulteriore distinzione in:
    - *Macchina singola*: è un problema fondamentale nel quale è presente una singola risorsa produttiva. Molti problemi reali complessi vengono sovente ricondotti ad una serie di problemi su macchina singola, ragione per la quale è necessario disporre di algoritmi efficienti per la loro risoluzione.
    - *Macchine parallele*: è il caso in cui siano disponibili più macchine che operano in parallelo, in grado di svolgere la stessa attività. Le macchine possono essere perfettamente uguali in termini di prestazioni, oppure presentare delle differenze prestazionali dipendenti solo dalla macchina (ad esempio, in termini di tempo necessario all'esecuzione della stessa attività), oppure ancora differenze prestazionali dipendenti dalla combinazione macchina/attività. Tutte queste caratteristiche si riflettono sulla soluzione in funzione della decisione di allocazione adottata.
- *Problemi a fase multipla*: sono problemi nei quali ogni *task* richiede l'intervento in sequenza di più risorse, come ad esempio diversi macchinari per l'esecuzione di lavorazioni meccaniche per passare dal prodotto grezzo al prodotto finito. Notiamo che, nel caso in cui ogni fase possa essere considerata in modo disgiunto dalle altre, questo problema può essere ricondotto ad una serie di problemi indipendenti a fase singola. In generale, però, le diverse fasi di lavoro sono tra loro correlate, cosa che preclude tale possibilità. Nel caso di più fasi, la sequenza di lavorazione può essere libera o dettata da esigenze tecnologiche. In funzione di questo distinguiamo le seguenti tipologie produttive:
    - *Job shop*: un sistema produttivo *job shop* consiste in diversi reparti omogenei, in ognuno dei quali sono raggruppate risorse che permettono la realizzazione di una specifica lavorazione o attività; per esempio, il reparto tornitura comprende i torni, il reparto fresatura le frese e via dicendo. Un prodotto, per essere realizzato, deve attraversare diversi reparti secondo un percorso prestabilito (*routing*) che può variare da prodotto a prodotto.
    - *Flow shop*: un *flow shop* è un sistema produttivo analogo ad un *job shop*, nel quale il *routing* è fisso, indipendentemente dal prodotto considerato.
    - *Open shop*: anche nell'*open shop* le risorse sono organizzate per reparto, ma il *routing* non è definito a priori e rappresenta quindi una variabile decisionale.

5.2 Obiettivi della schedulazione

Il processo di schedulazione deve soddisfare diverse esigenze del *business*: da quelle di natura produttiva e tecnologica a quelle più prettamente commerciali. Per valutare e confrontare diverse alternative di schedulazione si utilizzano alcuni indicatori, i quali sono generalmente funzione del tempo di completamento delle attività.

Gli indicatori sono utilizzati per definire degli obiettivi specifici per il processo di schedulazione, come per esempio:

- *Minimizzazione del lateness (L) medio*: il *lateness* è una misura dello scostamento della data effettiva di completamento delle attività – indicata con C_j – dalla data concordata con il cliente (o *due date*) – indicata con d_j –. Il *lateness* è quindi definito per ogni ordine j come $L_j = C_j - d_j$.
  Come si può notare il *lateness* può essere sia positivo (ad indicare che l'ordine è in ritardo rispetto alla *due date*) che negativo (ad indicare un anticipo).
- *Minimizzazione del tardiness (T) medio*: a differenza del *lateness*, il *tardiness* misura solo i ritardi, essendo definito come $T_j = \max(0, L_j)$. Se l'ordine è in anticipo (e, quindi, $L_j \leq 0$), il relativo *tardiness* sarà nullo.
- *Minimizzazione del numero di ordini in ritardo*: il numero di ordini in ritardo è definito come:

$$NR = \sum_{j \in J} \delta(T_j), \tag{5.1}$$

dove, a sua volta, la funzione $\delta()$ è definita nel seguente modo:

$$\delta(T_j) = \begin{cases} 1 & T_j > 0 \\ 0 & T_j = 0. \end{cases} \tag{5.2}$$

- *Minimizzazione del makespan (MAK)*: il *makespan* è definito come la differenza tra l'istante di conclusione della lavorazione di un ordine nel sistema produttivo e l'istante di inizio. Il *makespan* viene generalmente calcolato in relazione ad un insieme J di *job*. In tal caso, il *makespan* è definito come:

$$MAK = \max_{j \in J}(C_j) - \min_{j \in J}(S_j), \tag{5.3}$$

dove S_j indica l'istante di inizio lavorazione del job j. Il *makespan* include anche i tempi morti, ossia i tempi durante i quali non è stata effettuata produzione, come ad esempio i tempi tra il termine della lavorazione di un ordine e l'inizio del successivo (Fig. 5.1).

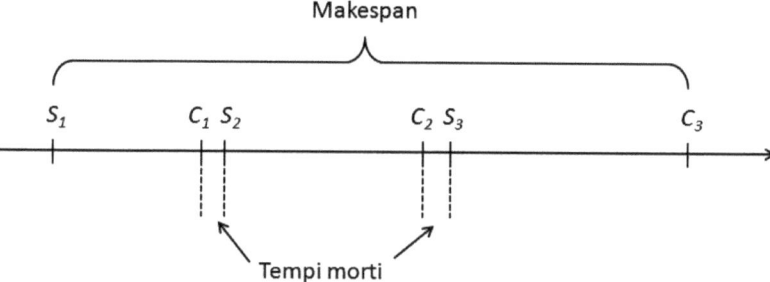

Fig. 5.1. Rappresentazione del *makespan* sull'asse temporale

Altri obiettivi generalmente utilizzati nell'ambito della schedulazione, sempre basati sugli indicatori esposti in precedenza, sono:

- *Minimizzazione del massimo lateness*:

$$\min\left(\max\left(L_j\right)\right). \tag{5.4}$$

Il massimo *lateness* è una misura della più grande violazione rispetto alle *due date*. Minimizzandolo si cerca di smorzare l'impatto della peggior prestazione sui *job* considerati. Approfittiamo della formulazione *minimax* dell'espressione (5.4) per sottolineare come, in realtà, essa non pone alcuna difficoltà particolare in termini di modellizzazione tramite programmazione lineare. Infatti, l'espressione (5.4) può essere sostituita dalle seguenti espressioni lineari:

$$\begin{aligned} \min \ & \gamma \\ L_j - \gamma &\leq 0 \qquad \forall j \in J. \end{aligned} \tag{5.5}$$

In tal modo, γ assumerà il minimo valore tale comunque da rimanere maggiore di L_j. Analogo discorso può essere formulato nel caso di problemi di tipo *maximin*.

- *Minimizzazione della somma pesata delle date di completamento*[2]:

$$\min \sum_{j \in J} \omega_j \cdot C_j, \tag{5.6}$$

dove ω_j è inteso come un indicatore di priorità (maggiore ω_j, maggiore la priorità) che denota l'importanza del *job* rispetto agli altri. Esso può essere posto uguale al costo unitario di mantenimento a stock; in tal caso, la somma pesata (5.6) è generalmente assunta come un indicatore del costo totale di mantenimento a stock implicato dalla soluzione al problema di schedulazione.

---

[2] In letteratura, la somma delle date di completamento è generalmente indicata con il termine *flow time*, mentre la somma pesata è indicata con il termine *weighted flow time* (cfr. [20]).

- *Minimizzazione della somma pesata dei job in ritardo*:

$$\min \sum_{j \in J} \omega_j \cdot \delta(T_j). \tag{5.7}$$

L'equazione (5.7) fornisce un pratico indicatore di prestazione per il confronto di diverse schedulazioni.

5.3 Formulazione del problema di schedulazione su singola macchina

Data l'importanza e l'ampiezza del tema della schedulazione, prima di procedere allo sviluppo del modello per macchine parallele, oggetto del capitolo, riteniamo utile introdurre il problema della schedulazione su macchina singola, il quale, a dispetto della sua apparente semplicità, rappresenta un problema fondamentale a cui, sovente quando possibile, vengono ricondotti problemi più complessi.

L'importanza di questo approfondimento si può comprendere anche dalla disponibilità di diverse formulazioni dello stesso problema. Ne presentiamo di seguito due con intento propedeutico allo sviluppo del modello finale. Porremo l'attenzione soprattutto sui vincoli, in quanto la funzione obiettivo può essere rappresentata da una di quelle illustrate in precedenza.

Consideriamo quindi un problema di schedulazione di un insieme J di *job* su una singola macchina, la quale può lavorare un solo *job* alla volta. Ogni *job* richiede un tempo τ_j per essere lavorato; per semplicità, supponiamo non sia ammessa *preemption*, ossia l'interruzione della lavorazione di un *job* prima del suo completamento per iniziare la lavorazione di un altro *job*. Assumiamo inoltre che tutti i *job* siano noti nel momento in cui viene elaborata la schedulazione.

5.3.1 Formulazione con variabili *completion time*

Una prima versione della formulazione del problema prevede l'utilizzo di variabili che rappresentano l'istante di completamento di ogni ordine sulla singola macchina.

Indicando quindi con la variabile C_j l'istante di completamento del *job* j, essa sarà soggetta al vincolo:

$$C_j \geq r_j + \tau_j \quad \forall j \in J, \tag{5.8}$$

dove r_j è un parametro che rappresenta la *release date* del *job*, ossia l'istante di tempo nel quale il *job* j diviene disponibile per essere lavorato (ad esempio, a seguito di una lavorazione precedente o perché in arrivo da un fornitore esterno). In generale, la *release date* non coincide necessariamente con il reale istante di inizio della lavorazione S_j. In altre parole, $S_j \geq r_j$.

5.3 Formulazione del problema di schedulazione su singola macchina

Introduciamo a questo punto la variabile binaria y_{ij}, posta uguale a 1 nel caso in cui la lavorazione del *job i* preceda la lavorazione del *job j*, e 0 altrimenti:

$$y_{ij} = \begin{cases} 1 & i \to j \\ 0 & j \to i. \end{cases} \quad (5.9)$$

Utilizzando la variabile y_{ij} possiamo imporre i seguenti vincoli (5.10) e (5.11), che hanno lo scopo di garantire una sequenza fattibile di lavorazione, nella quale per ogni coppia di *job* (i,j) sia definito un ordine di precedenza (in altre parole, se j precede i allora non può verificarsi anche l'opposto). Si noti inoltre l'uso dell'*upper bound M*, già introdotto nei capitoli precedenti:

$$C_j \leq C_i - \tau_i + M(1 - y_{ji}) \quad \forall j \in J,\ i \in J,\ j < i, \quad (5.10)$$

$$C_i \leq C_j - \tau_j + M \cdot y_{ji} \quad \forall j \in J,\ i \in J,\ j < i. \quad (5.11)$$

Per illustrare il funzionamento dei vincoli (5.10) e (5.11), supponiamo che j preceda i ($j \to i$) nella soluzione finale; avremo pertanto $y_{ji} = 1$ e $y_{ij} = 0$. Di conseguenza, per il vincolo (5.10) l'istante di completamento di j deve essere minore dell'istante di inizio della lavorazione di i, espresso dalla differenza $C_i - \tau_i$.

Simultaneamente, per il vincolo (5.11) l'istante di completamento di i deve essere minore di un numero arbitrariamente grande e non vincolante (ottenuto tramite il valore M). Analogo ragionamento può essere fatto nel caso in cui il *job i* preceda il *job j*.

Nel caso in cui sia presente una *due date* vincolante che deve essere rispettata, è necessario imporre il vincolo:

$$C_j \leq d_j \quad \forall j \in J. \quad (5.12)$$

L'utilizzo di questo vincolo non permette di avere ordini in ritardo, e pertanto impone l'utilizzo di funzioni obiettivo quali la minimizzazione del *makespan* o la minimizzazione dell'*earliness*, ossia degli anticipi di produzione, calcolati come $E_j = \max(d_j - C_j, 0)$.

Osserviamo che l'utilizzo del vincolo (5.12) può comportare l'impossibilità di risolvere il problema. In tal caso si rende necessario rimuoverlo e utilizzare una funzione obiettivo che minimizzi, ad esempio, il medio *tardiness*, il massimo *lateness* o il numero di *job* in ritardo.

Volendo minimizzare il massimo *lateness* è necessario aggiungere il seguente vincolo:

$$L_{MAX} \geq C_j - \tau_j \quad \forall j \in J, \quad (5.13)$$

dove L_{MAX} è una variabile del problema libera in segno. In questo modo, la funzione obiettivo può essere scritta come:

$$Z = \min_{j \in J} L_{MAX}. \quad (5.14)$$

Completano il modello i vincoli sulle variabili C_j e y_{ji}:

$$C_j \geq 0 \quad \forall j \in J, \tag{5.15}$$

$$y_{ji} \in \{0,1\} \quad \forall j \in J, i \in J : j < i, \tag{5.16}$$

dove la condizione $j < i$ permette di evitare l'introduzione di vincoli ridondanti.

5.3.2 Formulazione tramite variabili posizionali e di assegnamento

Una diversa formulazione dello stesso problema si basa sul concetto di ordinamento posizionale dei *job*. Si assume di dover inserire i *job* dell'insieme J in esattamente $|J|$ "caselle" (un *job* per casella), numerate per semplicità da 1 a $|J|$. In tal modo, l'assegnamento alle caselle introduce implicitamente un ordinamento tra i *job*.

Questa seconda alternativa utilizza delle variabili binarie di assegnamento u_{jp} pari a 1 se il *job* j è assegnato alla casella (o posizione) p, 0 altrimenti:

$$u_{jp} = \begin{cases} 1 & \text{job } j \text{ assegnato alla posizione } p \\ 0 & \text{altrimenti.} \end{cases} \tag{5.17}$$

Il seguente vincolo sulla variabile u_{jp} permette di assicurare che ogni *job* sia assegnato ad una sola posizione tra quelle disponibili:

$$\sum_{p=1,\ldots,|J|} u_{jp} = 1 \quad \forall j \in J. \tag{5.18}$$

Analogamente, imponiamo che ad ogni posizione sia assegnato un solo *job* tramite il vincolo[3]:

$$\sum_{j \in J} u_{jp} = 1 \quad \forall p = 1,\ldots,|J|. \tag{5.19}$$

L'utilizzo della sola variabile u è funzionale alla definizione della sequenza di lavoro, ma non è sufficiente per definire gli istanti di inizio e fine delle singole lavorazioni. Per questo introduciamo la variabile ω_p che rappresenta l'istante di conclusione della lavorazione del *job* assegnato alla posizione p.

Utilizzando la variabile ω_p possiamo definire i tempi di inizio e fine delle lavorazioni. Prima di tutto, definiamo l'istante di conclusione della lavorazione del *job* assegnato alla prima posizione:

$$\omega_1 \geq \sum_{j \in J} \tau_j \cdot u_{j1}. \tag{5.20}$$

---

[3]Nei vincoli (5.18) e (5.19) abbiamo usato per le posizioni la notazione $p = 1,\ldots,|J|$ in luogo della più compatta $p \in J$ per sottolineare la presenza di un ordinamento delle caselle in cui inserire i *job*. Nelle successive formulazioni utilizzeremo indifferentemente le due notazioni, ritenendone chiaro il significato.

Infatti, per il vincolo (5.19) la posizione 1 potrà essere occupata da un solo *job*, il cui istante di completamento è pari al suo tempo di lavorazione τ_j (assumendo uguale a 0 l'istante di inizio del periodo schedulato).

A seguire, definiamo gli istanti di conclusione dei *job* allocati alle posizioni successive, i quali dipenderanno dall'istante di conclusione delle lavorazioni dei *job* allocati nelle posizioni precedenti e dai tempi di lavorazione τ:

$$\omega_p \geq \omega_{p-1} + \sum_{j \in J} \tau_j \cdot u_{jp} \qquad \forall p = 2, ..., |J|. \qquad (5.21)$$

Affinché siano rispettate le *release date* dei singoli *job* introduciamo il seguente insieme di vincoli:

$$\omega_p \geq \sum_{j \in J} (r_j + \tau_j) \cdot u_{jp} \qquad \forall p = 1, ..., |J|. \qquad (5.22)$$

Infine, gli usuali vincoli sulle variabili:

$$\omega_p \geq 0 \qquad \forall p = 1, ..., |J|, \qquad (5.23)$$

$$u_{jp} \in \{0, 1\} \qquad \forall j \in J, p = 1, ..., |J|. \qquad (5.24)$$

Volendo minimizzare il massimo *lateness*, come illustrato nel Paragrafo 5.3.1, la funzione obiettivo sarà ancora:

$$Z = \min_{j \in J} L_{MAX}, \qquad (5.25)$$

dove la variabile L_{MAX} è soggetta al vincolo:

$$L_{MAX} \geq \left(\omega_p - \sum_{j \in J} d_j \cdot u_{jp} \right) \qquad \forall p = 1, ..., |J|. \qquad (5.26)$$

5.4 Descrizione del caso

Il caso considerato in questo capitolo fa riferimento ad un'azienda manifatturiera che opera per commessa ripetitiva nel campo delle lavorazioni meccaniche. L'azienda dispone di un reparto di macchine utensili a controllo numerico (CNC) in grado di realizzare l'intero ciclo di lavorazione dei prodotti a catalogo, partendo da un semilavorato acquistato all'esterno presso un fornitore specializzato.

Pur operando su commessa, l'azienda detiene un piccolo magazzino di semilavorati, realizzando così una logica *push-pull* (Fig. 5.2A) in modo da ridurre i tempi di risposta al cliente. Per i prodotti meno richiesti, invece, per i quali l'incertezza della domanda è piuttosto alta, generalmente è necessario provvedere all'acquisto dei semilavorati dopo la ricezione dell'ordine del

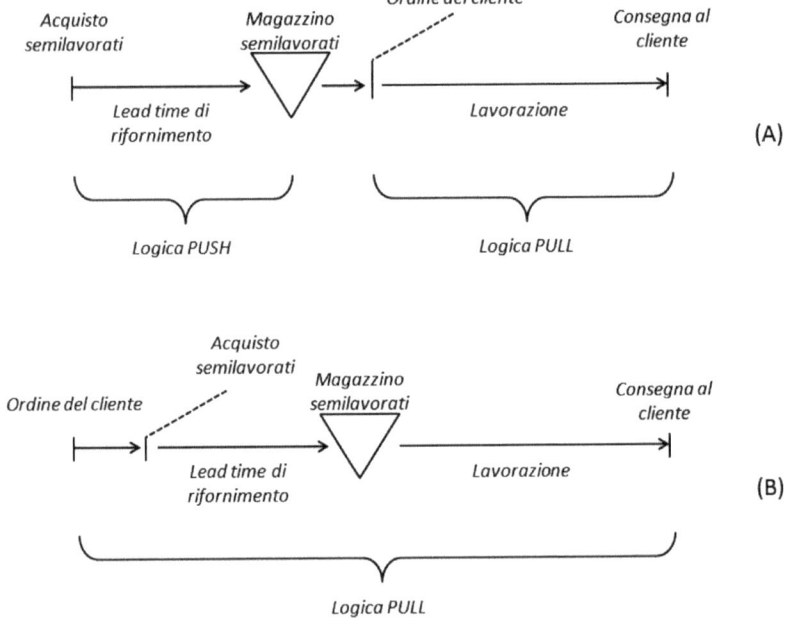

Fig. 5.2. Confronto tra logica *push-pull* e logica *pull* pura

cliente, secondo una logica *pull* pura (Fig. 5.2B). In ogni caso, l'azienda è in grado di determinare con un buon grado di sicurezza la data in cui è possibile iniziare la lavorazione di un certo ordine, siano i semilavorati provenienti dal magazzino o dai fornitori esterni.

Per i clienti ripetitivi l'azienda ha definito un *lead time* standard, in modo tale che la data di consegna sia automaticamente definita dalla data di ricezione dell'ordine. Per i clienti occasionali, invece, l'ufficio Commerciale concorda la data di consegna direttamente all'atto della ricezione dell'ordine. Sebbene si cerchi di garantire tempi di attesa più brevi per i clienti ripetitivi, per *policy* aziendale il rispetto della data di consegna è un parametro di valutazione da tenere in forte considerazione per entrambe le categorie di clienti, soprattutto in fase di schedulazione. In merito a questo, un vincolo per l'azienda è rappresentato dalla necessità di elaborare una schedulazione senza *backlog*.

Le macchine CNC hanno prestazioni molto simili tra loro, tali da poter essere considerate tutte uguali e con le stesse capacità sia in termini di operazioni che sono in grado di effettuare sia in termini di tempi di lavorazione. Possiamo quindi assumere che il tempo di lavoro unitario τ sia indipendente dalla macchina sulla quale l'attività viene eseguita.

L'azienda opera in un settore caratterizzato da alta competitività, nel quale è necessario garantire un adeguato livello di servizio al cliente sotto molteplici aspetti: dalla qualità del prodotto consegnato al rispetto dei tempi di spedizione.

Queste esigenze hanno un notevole impatto sul sistema produttivo, il quale deve essere gestito cercando di conciliare le richieste del mercato con i fabbisogni interni, quali la necessità di far lavorare le macchine nel modo più continuo e uniforme possibile, in modo da ridurre l'incidenza di problematiche legate da una parte alla continua variazione dei ritmi produttivi e, dall'altra, all'eccessiva saturazione di alcune macchine rispetto ad altre.

Per questo motivo, uno degli obiettivi principali dell'azienda consiste nello schedulare gli ordini in modo da bilanciare il più possibile l'utilizzo delle diverse macchine CNC. Una schedulazione bilanciata permette di ridurre i problemi legati alla presenza di colli di bottiglia nel sistema, aumentando la produttività. Ovviamente, questo obiettivo deve essere perseguito nel rispetto del livello di servizio richiesto dal cliente. In tal senso, le date di consegna richieste rappresentano un vincolo da rispettare piuttosto che un obiettivo da raggiungere.

In definitiva, utilizzare in modo bilanciato il sistema produttivo rappresenta un importante obiettivo, in quanto consente di sfruttare al meglio le risorse produttive disponibili. È importante che il carico di lavoro sia distribuito in modo uniforme sui macchinari, in modo da evitare l'eccessiva usura con il conseguente rischio di guasti e fermi macchina.

Il processo di schedulazione ha una frequenza giornaliera, e l'orizzonte temporale si estende fino a quanto necessario per comprendere tutti gli ordini in portafoglio. Della schedulazione risultante si considerano come congelati (ossia non più modificabili) i prossimi 2 giorni, mentre la schedulazione che va dal terzo giorno in poi è considerata ancora modificabile secondo un meccanismo *rolling* (in modo tale che il periodo congelato sia sempre di 2 giorni).

Considerati questi elementi, si vuole formulare un modello in grado di schedulare il portafoglio ordini bilanciando il carico di lavoro sulle macchine e nel rispetto delle date di consegna concordate, se possibile.

5.5 Formulazione del modello

Il modello proposto riprende la formulazione basata su variabili posizionali descritta nel Paragrafo 5.3.2, estendendola al caso di più macchine parallele.

Parametri e variabili

Utilizzeremo i seguenti parametri:

- J Insieme dei *job* da lavorare (ordini in portafoglio). Si assume che tale insieme sia completamente noto prima dell'inizio del processo di schedulazione[4]. Nella schedulazione dei *job* non è ammessa *preemption*, e tutti i *job* sono considerati aventi pari priorità.

---

[4]Si parla in questo caso di schedulazione *off-line*. Nel caso in cui sia ammesso l'arrivo di ulteriori *job* una volta che la schedulazione è stata elaborata, è invece definita schedulazione *on-line*.

- N Insieme delle macchine CNC disponibili. Assumiamo che $|J| > |N| \geq 2$, poiché in caso contrario la soluzione ottima sarebbe di assegnare un *job* ad ogni macchina.
- P Insieme delle posizioni schedulabili su ogni macchina. Ai fini della notazione, possiamo considerare P come l'insieme dei numeri naturali da 1 a $|P|$. Possiamo porre $|P| = |J|$.
- τ_j Tempo di lavoro richiesto dal *job j*. Poiché stiamo considerando macchine parallele identiche, il tempo non dipende dalla macchina cui il *job* è assegnato. Ciononondimeno, è comunque possibile considerare il caso di macchine non identiche in termini di prestazione. In tal caso, avremmo un parametro τ_{jn} con $n \in N$.
- r_j Data di rilascio (*release date*) del *job j*. Per i semilavorati acquistati dopo la ricezione dell'ordine del cliente, la *release date* rappresenta la data nella quale è prevista la consegna da parte del fornitore. Per i semilavorati già presenti a magazzino, la *release date* coincide generalmente con il primo periodo schedulato (convenzionalmente, $r_j = 0$).
- d_j Data di consegna richiesta (*due date*) per il *job j*.

Il tempo è calcolato in unità discrete a partire dall'inizio della lavorazione del primo prodotto schedulato (riferito come istante 0). Pertanto, se assumiamo come unità di tempo l'ora, una *release date* pari a 17 significa che il semilavorato è disponibile per la lavorazione a partire dall'inizio della diciassettesima ora dell'orizzonte schedulato. Ipotizzando di lavorare su turni di 8 ore, significa che il semilavorato è disponibile per la lavorazione a partire dalla fine del secondo turno o, equivalentemente, dall'inizio del terzo turno. Analogo discorso è fatto per la *due date* e per i tempi di lavorazione.

Per quanto riguarda le variabili, esse dipendono dal tipo di formulazione adottata. Estendendo l'approccio basato su variabili posizionali di assegnamento, definiamo, in modo analogo a quanto visto nel Paragrafo 5.3.2:

- u_{jpn} Variabile binaria pari a 1 se il *job j* è assegnato alla posizione p sulla macchina n, 0 altrimenti.
- ω_{pn} Variabile continua che esprime l'istante di completamento della lavorazione del *job* assegnato alla posizione p sulla macchina n.

Le variabili adottate sono dunque le stesse utilizzate nel caso di singola macchina, estese con il pedice n per indicare la presenza di più macchine alternative in parallelo.

Funzione obiettivo

La funzione obiettivo in questo caso richiede un approccio peculiare rispetto a quanto visto nei capitoli precedenti. Infatti, l'utilizzo di un obiettivo come la minimizzazione del *tardiness* medio o del numero di *job* in ritardo non è adeguato poiché, per le ipotesi avanzate in precedenza, non è concesso avere dei *job* in ritardo.

Inoltre, gli obiettivi classici non prendono in considerazione alcuna misura del bilanciamento del sistema produttivo. È necessario pertanto definire una nuova funzione obiettivo che contempli una misura del bilanciamento del sistema, considerando il livello di servizio in termini di puntualità delle consegne come un vincolo piuttosto che un obiettivo da raggiungere.

Per fare questo, assumiamo come misura dello sbilanciamento del carico – misurato in termini di unità di tempo di lavoro – la differenza tra il carico effettivo assegnato ad ogni macchina e il carico medio teorico, ottenuto dividendo il carico totale per il numero di macchine disponibili.

Se quindi indichiamo con:

$$WLM = \frac{\sum_{j \in J} \tau_j}{|N|} \qquad (5.27)$$

il *carico medio teorico*[5] da assegnare ad ogni macchina e con:

$$W_n = \sum_{j \in J} \sum_{p \in P} \tau_j \cdot u_{jpn} \qquad \forall n \in N \qquad (5.28)$$

il *carico effettivo* di ogni macchina a seguito di un'allocazione dei *job*, la funzione obiettivo è definita dalla minimizzazione dello sbilanciamento totale del sistema:

$$\min Z = \sum_{n \in N} |WLM - W_n|. \qquad (5.29)$$

Chiaramente, l'equazione (5.29) non è lineare e, di conseguenza, il problema non potrebbe essere risolto con i classici metodi. Ciononostante è ancora possibile ricondurla ad un'equazione lineare attraverso un procedimento che verrà illustrato nel Paragrafo 5.5.1.

Prima di procedere alla linearizzazione della funzione obiettivo, introduciamo i vincoli del problema.

Vincoli

Venendo ai vincoli, in primo luogo ogni *job* deve essere assegnato ad una sola macchina e, su questa, ad una sola posizione p. Per esprimere tale condizione utilizziamo la variabile u nel seguente modo:

$$\sum_{p \in P} \sum_{n \in N} u_{jpn} = 1 \qquad \forall j \in J. \qquad (5.30)$$

---

[5] Nel caso in cui il tempo di lavorazione τ_j dipendesse dalla macchina cui il *job* è allocato, il carico medio teorico dovrebbe essere calcolato utilizzando, per ogni *job*, la media dei tempi di lavorazione sulle singole macchine.

Dualmente, ogni posizione p su ogni macchina può essere associata al più ad un solo *job*:

$$\sum_{j \in J} u_{jpn} \leq 1 \qquad \forall p \in P,\, n \in N, \qquad (5.31)$$

dove il segno di $\leq$ indica che alcune posizioni sulle macchine possono risultare vuote nella soluzione finale.

Riprendendo quanto esposto in precedenza nel Paragrafo 5.3.2, dobbiamo definire gli istanti di inizio e fine delle lavorazioni. Per ogni macchina in N, l'istante di completamento del *job* in prima posizione è espresso nel seguente modo:

$$\omega_{1n} \geq \sum_{j \in J} (r_j + \tau_j) \cdot u_{j1n} \qquad \forall n \in N. \qquad (5.32)$$

Analogamente, l'istante di completamento del *job* allocato alla generica posizione p sulla generica macchina n è espresso come:

$$\omega_{pn} \geq \omega_{(p-1)n} + \sum_{j \in J} [(r_j + \tau_j) \cdot u_{jpn} - (1 - u_{jpn}) \cdot M] \qquad \forall p \in P \backslash \{1\},\, n \in N, \qquad (5.33)$$

dove con $p-1$ indichiamo la posizione precedente alla posizione p nell'insieme P. Il termine $(1 - u_{jpn}) \cdot M$ nel vincolo (5.33) è necessario in quanto alcune posizioni sulle macchine rimangono vuote e, pertanto, non avrebbe senso associargli un tempo di fine lavorazione.

Per garantire il rispetto delle *due date* richieste dai clienti dobbiamo imporre un vincolo sull'istante di completamento dei singoli *job*:

$$\omega_{pn} \leq \sum_{j} d_j \cdot u_{jpn} \qquad \forall p \in P,\, n \in N. \qquad (5.34)$$

Osserviamo che se la posizione $\widetilde{p}$ sulla macchina $\widetilde{n}$ rimane vuota, allora risulta, per il vincolo (5.34), $\omega_{\widetilde{p}\widetilde{n}} \leq 0$. Per il vincolo (5.33) e per un'opportuna scelta di M risulta $\omega_{\widetilde{p}\widetilde{n}} \geq \omega_{(\widetilde{p}-1)\widetilde{n}} - M \leq 0$, poiché $u_{j\widetilde{p}\widetilde{n}} = 0$ per ogni prodotto j. Poiché deve essere $\omega \geq 0$, ne consegue che $\omega_{\widetilde{p}\widetilde{n}} = 0$ come ci aspetteremmo, essendo la posizione vuota.

Infine il problema è completato dai vincoli sulle variabili:

$$\begin{aligned}\omega_{pn} &\geq 0 \qquad \forall p \in P,\, n \in N,\\ u_{jpn} &\in \{0,1\} \qquad \forall j \in J,\, p \in P,\, n \in N.\end{aligned} \qquad (5.35)$$

A questo punto è necessario procedere alla linearizzazione della funzione obiettivo (5.29), come illustrato nel prossimo paragrafo.

5.5.1 Linearizzazione della funzione obiettivo

La particolare struttura della funzione obiettivo (5.29) può essere modificata al fine di ottenere una funzione obiettivo lineare, al prezzo di un incremento della complessità del problema dovuto all'aggiunta di alcune variabili e alcuni vincoli.

Per linearizzare la funzione obiettivo (5.29) è infatti necessario introdurre una variabile x_n che metta in relazione il carico reale W_n con il carico teorico WLM attraverso i seguenti vincoli:

$$x_n \geq W_n - WLM \qquad \forall n \in N, \qquad (5.36)$$

$$x_n \geq WLM - W_n \qquad \forall n \in N. \qquad (5.37)$$

In questo modo, la funzione obiettivo (5.29) può essere riscritta come:

$$\min Z = \sum_{n \in N} x_n. \qquad (5.38)$$

Verifichiamo che la funzione obiettivo (5.38) sia effettivamente analoga alla funzione obiettivo (5.29).

Considerando una generica macchina $\tilde{n}$, ipotizziamo che $W_{\tilde{n}} < WLM$. Avremo pertanto, per i vincoli (5.36, 5.37), che:

$$\begin{aligned} x_{\tilde{n}} &\geq W_{\tilde{n}} - WLM < 0, \\ x_{\tilde{n}} &\geq WLM - W_{\tilde{n}} > 0. \end{aligned} \qquad (5.39)$$

Tali vincoli sono chiaramente entrambi soddisfatti solo se $x_{\tilde{n}} > 0$. Pertanto avremo $x_{\tilde{n}} = WLM - W_{\tilde{n}}$.

Analogamente, se $W_{\tilde{n}} > WLM$ avremo che:

$$\begin{aligned} x_{\tilde{n}} &\geq W_{\tilde{n}} - WLM > 0, \\ x_{\tilde{n}} &\geq WLM - W_{\tilde{n}} < 0, \end{aligned} \qquad (5.40)$$

ancora entrambi soddisfatti per $x_{\tilde{n}} > 0$, ossia ponendo $x_{\tilde{n}} = W_{\tilde{n}} - WLM$.

Pertanto, i vincoli (5.36) e (5.37) assicurano che $x_n \geq 0$ alla stregua di quanto ottenuto attraverso l'utilizzo della funzione modulo nell'equazione (5.29). Quindi, le equazioni (5.36), (5.37) e (5.38) possono essere utilizzate in sostituzione della precedente funzione non lineare (5.29) per formare l'obiettivo del problema.

5.6 Estensioni del modello

In questo paragrafo trarremo spunto dalle caratteristiche del problema per introdurre e trattare brevemente il tema dei problemi di *ottimizzazione multiobiettivo*[6]. Per fare questo proponiamo una possibile estensione del modello di base discusso.

---

[6] La trattazione presentata in questo paragrafo prende spunto da [29]. Per una trattazione più approfondita sull'ottimalità con più obiettivi si consulti, per esempio, [26].

5.6.1 Bilanciamento con possibilità di ritardo

La presenza di un vincolo sulle *due date* nella formulazione esposta in precedenza potrebbe rendere il problema inammissibile (ossia privo di soluzioni ottime); ad esempio, considerando due macchine disponibili ($|N| = 2$) l'insieme di *job* riportato in Tabella 5.1 non è schedulabile secondo il modello proposto, nel senso che non esiste una schedulazione che rispetti tutti i vincoli. D'altra parte, in molti casi potrebbe essere necessario ottenere una soluzione che, pur conservando l'obiettivo del bilanciamento complessivo del sistema, permetta di contemplare anche situazioni in cui sia ammesso un ritardo rispetto alla *due date*. In altre parole, vogliamo rilassare il vincolo (5.34) sul rispetto delle *due date* cercando di raggiungere un compromesso tra il bilanciamento del sistema e il ritardo nella consegna.

Fino ad ora abbiamo considerato situazioni nelle quali fosse presente un unico obiettivo da ottimizzare; nella realtà, è invece necessario contemplare situazioni nelle quali vi siano più obiettivi da perseguire simultaneamente. La soluzione migliore è generalmente quella che realizza il miglior compromesso per il decisore.

La funzione obiettivo deve pertanto includere sia una componente legata al bilanciamento, sia una componente legata al ritardo. Se consideriamo il *tardiness*, la funzione obiettivo può essere formalmente scritta come segue:

$$\min Z = \sum_{n \in N} x_n + \sum_{j \in J} T_j. \tag{5.41}$$

L'equazione (5.41), seppur corretta, pone almeno un paio di interrogativi sui quali vale la pena soffermarsi.

Il primo interrogativo riguarda la presenza nell'equazione (5.41) del termine T_j relativo al *tardiness*, introdotto all'inizio del capitolo dove è stato definito come:

$$T_j = \max(0, L_j) = \max(0, C_j - d_j). \tag{5.42}$$

La presenza della funzione $max()$ nella definizione della variabile potrebbe far pensare, ad una prima occhiata, ad un vincolo non lineare. In realtà, tale vincolo è facilmente esprimibile tramite funzioni lineari utilizzando la formulazione che segue:

$$\begin{aligned} T_j &\geq C_j - d_j \quad \forall j \in J, \\ T_j &\geq 0 \quad \forall j \in J. \end{aligned} \tag{5.43}$$

Tabella 5.1. Insieme di *job* non schedulabili su due macchine

Job	Release date	Tempo di lavorazione	Due date
1	0	5	6
2	0	3	5
3	0	4	6

5.6 Estensioni del modello

Infatti, come è facile verificare, in questo modo la variabile T_j sarà sempre maggiore di 0 nei casi di effettivo ritardo $(C_j - d_j > 0)$ o al più uguale a 0 in caso di anticipo o consegna puntuale $(C_j - d_j < 0)$.

Un secondo interrogativo riguarda, invece, la presenza nella funzione obiettivo (5.41) di due componenti misurate su scale completamente diverse, essendo la prima componente legata al carico di lavoro e la seconda legata al rispetto della data di consegna. Questa differenza potrebbe incidere in modo significativo sulla procedura risolutiva e sul risultato finale.

Tale problema richiede che le due componenti possano essere convertite in unità di misura omogenee, attraverso l'utilizzo di opportuni coefficienti moltiplicativi λ:

$$\min Z = \lambda_1 \cdot \sum_{n \in N} x_n + \lambda_2 \cdot \sum_{j \in J} T_j. \qquad (5.44)$$

Ad esempio i valori di λ potrebbero essere tali da convertire sia lo sbilanciamento del carico di lavoro sia il *tardiness* in misure monetarie[7]. Tale approccio basato sui coefficienti λ, seppur utile alla definizione di un'unica funzione obiettivo, si scontra sul piano pratico con la difficoltà nella determinazione dei valori dei coefficienti stessi.

Un secondo approccio, più conforme alla logica secondo la quale si sviluppano molti processi decisionali, si basa sulla prioritizzazione dei diversi obiettivi. In altre parole, il decisore è chiamato a stabilire una gerarchia di importanza tra i diversi obiettivi. Tale gerarchia potrà essere utilizzata per formulare una sequenza di modelli corrispondenti ai diversi obiettivi con priorità decrescente.

Ad esempio, ipotizziamo che la minimizzazione del *tardiness* abbia priorità più elevata rispetto al bilanciamento del sistema produttivo (che però vogliamo perseguire ugualmente, per quanto possibile). Formuliamo quindi il problema come visto in precedenza, ponendo come funzione obiettivo la seguente:

$$\min Z = \sum_{j \in J} T_j, \qquad (5.45)$$

e aggiungendo agli altri un ulteriore vincolo sul valore del secondo obiettivo (di bilanciamento del sistema):

$$\sum_{n \in N} x_n \leq \Lambda, \qquad (5.46)$$

dove il parametro Λ rappresenta una soglia minima di accettabilità per l'obiettivo di bilanciamento. Risolvendo il problema così formulato possono verificarsi due situazioni:

1. Il problema è inammissibile; tale situazione è determinata dal fatto che il parametro Λ è eccessivamente ambizioso e non è possibile soddisfare il

---

[7] Le modalità tramite le quali determinare i valori di λ dipendono da caso a caso ed esulano dagli obiettivi del libro.

vincolo (5.46). Si procede pertanto a modificare iterativamente il valore di Λ e a risolvere il problema risultante fino all'ottenimento di una soluzione ammissibile.
2. Il problema ammette soluzione ottima $\widetilde{Z}$. In questo secondo caso, si può procedere a risolvere un ulteriore problema avente come obiettivo il bilanciamento del sistema, ponendo un vincolo sul valore del primo obiettivo:

$$\min Z' = \sum_{n \in N} x_n, \qquad (5.47)$$

$$\sum_{j \in J} T_j = \widetilde{Z}. \qquad (5.48)$$

In questo modo si cerca, tra le soluzioni che soddisfano il vincolo (5.48) – e quindi ottimizzano il primo obiettivo – quelle che ottimizzano il secondo obiettivo.

5.7 Considerazioni conclusive

In questo capitolo abbiamo introdotto alcuni interessanti aspetti della modellazione dei problemi di schedulazione. Su questo tema è disponibile un'ampia bibliografia scientifica, di cui quanto presentato non rappresenta che un accenno.

Il tema della schedulazione è a tutt'oggi molto indagato e oggetto di studi volti a migliorare gli strumenti e gli approcci disponibili; tale continuo fermento è giustificato dall'impatto che una buona e una cattiva schedulazione possono avere su un sistema reale.

Molto spesso, data la complessità di alcuni contesti, i problemi di schedulazione vengono trattati con approcci di tipo *euristico*, fondamentalmente basati su scelte "di buon senso" atte a fornire in breve tempo una buona soluzione in luogo di una soluzione ottima cui si arriverebbe dopo molto tempo di elaborazione.

Gli approcci euristici esulano dal presente libro; in ogni caso, esistono molti testi introduttivi alla materia cui il lettore interessato può riferirsi[8].

---

[8] Si veda, ad esempio, [18].

6
Gestione delle attività di distribuzione e trasporto

Il settore dei trasporti è uno degli ambiti dove, a causa delle tipologie dei problemi coinvolti, il ricorso a modelli quantitativi è molto importante ai fini dell'analisi e valutazione di soluzioni alternative. Nel corso degli ultimi decenni i trasporti sono diventati, in molti contesti, una delle maggiori determinanti dei costi della logistica, sia a causa della crescente delocalizzazione dei sistemi produttivi rispetto ai mercati, sia per l'altalenante – seppure, in definitiva, sempre crescente – andamento dei prezzi dei combustibili, oltre ad ulteriori altre concause.

Il trasporto rappresenta un anello fondamentale di una catena necessaria a trasferire la produzione da un sito produttivo all'altro e, da questi, al mercato. Spesso, l'economicità del trasporto si gioca in gran parte sul campo delle economie di scala che si traducono, in pratica, nella realizzazione di trasporti di ingenti volumi tramite mezzi che viaggiano a pieno carico.

Ma se il trasporto "intensivo" punto-a-punto può rappresentare una valida soluzione in molti rapporti tra aziende che trattano grandi volumi, in altri casi è necessario organizzare il trasporto sulla base di volumi più piccoli – fino alla singola unità – quando si ha a che fare con clienti di dimensioni ridotte (finanche con il consumatore finale). In tali casi, tra le diverse opzioni disponibili si possono adottare strategie di aggregazione di più clienti in un unico trasporto, in modo da trovare un efficiente bilanciamento tra la dimensione del trasporto e la sua saturazione. Infatti, con riferimento alla Figura 6.1, il trasporto punto-a-punto (A) è giustificato quando la domanda del singolo cliente consente di saturare il mezzo di trasporto; a parità di mezzo di trasporto, l'aggregazione dei clienti (B) è efficace quando la singola domanda non consente di saturare il mezzo, ma la somma delle domande dei diversi clienti sì.

Gli obiettivi perseguiti nell'ambito dei trasporti tramite il ricorso ai modelli quantitativi sono molteplici, coprendo l'ampio spettro che va dalla definizione dei percorsi di consegna più convenienti da assegnare ai diversi mezzi di trasporto disponibili (problema indicato come *Vehicle Routing Problem – VRP*) alla definizione della flotta circolante e dei turni del personale. Come si può osservare, si possono porre obiettivi sia di natura operativa (la defini-

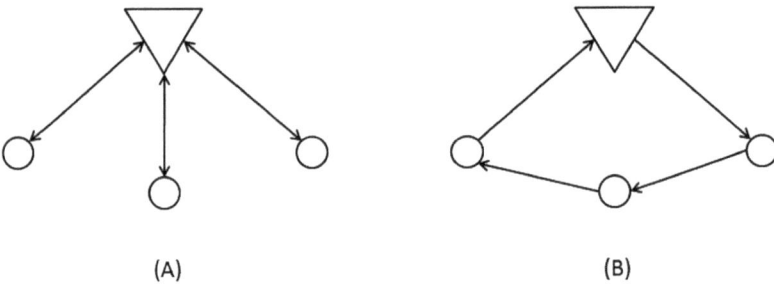

Fig. 6.1. Trasporto punto-a-punto (A) e con aggregazione dei clienti (B)

zione dei percorsi giornalieri) sia tattico-strategica (il dimensionamento della flotta); in questo libro concentreremo l'attenzione sul *VRP* – nell'accezione più operativa – il quale figura tra i problemi di ottimizzazione combinatoria più complessi, il cui interesse è motivato dalla sua rilevanza pratica.

6.1 Il *Vehicle Routing Problem*

Nella sua versione più semplice, i tratti principali del *VRP* sono così sintetizzabili:

- Si vuole rifornire un insieme di clienti, dislocati sul territorio e collegati da una rete di trasporto stradale, utilizzando una flotta di autoveicoli a capacità finita che parte da un unico deposito comune. Sono note le distanze tra i clienti e tra i clienti e il deposito.
- Ogni cliente manifesta una domanda D_i inferiore alla capacità di trasporto del singolo mezzo (in caso contrario il problema sarebbe ricondotto ad un problema di trasporto punto-a-punto).
- Il costo di trasporto – in generale dipendente da molteplici fattori – è ricondotto a una funzione della distanza percorsa o del tempo di viaggio (quest'ultimo comunque ancora dipendente dalla distanza da percorrere).
- La soluzione ricercata consiste nella determinazione dei sottoinsiemi di clienti da assegnare ad ogni autoveicolo e del relativo percorso, in modo tale che il costo totale sostenuto sia minimo. Un percorso rappresenta l'ordine secondo il quale i clienti assegnati ad ogni mezzo devono essere visitati, prima che il mezzo ritorni al punto di partenza[1]. Chiaramente, la lunghezza del percorso può dipendere in modo anche molto significativo dall'ordine di visita dei clienti. A sua volta, il minimo costo ottenibile dipende dal modo con cui i clienti sono assegnati ai veicoli.

---

[1] Data la condizione che il mezzo ritorni al punto di partenza dovremmo parlare più propriamente di *circuito*. Nel seguito, utilizzeremo i termini percorso e circuito come sinonimi.

6.1 Il *Vehicle Routing Problem*

Il *VRP* si distingue ulteriormente in:

- *Statico*: tutte le richieste da parte dei clienti sono note a priori, pertanto è possibile effettuare un'allocazione e una definizione dei percorsi avendo piena conoscenza dei dati del problema.
- *Dinamico*: l'allocazione dei clienti ai mezzi e la definizione dei percorsi vengono effettuate avendo una visione parziale delle richieste dei clienti. In questo caso è necessario gestire le richieste generate durante le operazioni di consegna che potrebbero richiedere una revisione delle scelte già operate e in parte attuate.

Tra i principali vincoli contemplabili in un *VRP* alcuni dei più frequenti sono:

- la capacità dei veicoli, che può essere diversa da veicolo a veicolo, ma comunque sempre finita;
- il tempo massimo di durata di un percorso – compresi i tempi di sosta necessari allo scarico della merce presso il cliente e all'espletamento delle necessarie pratiche documentali – in relazione alla durata del turno degli autisti;
- la presenza di *time-window*, ossia intervalli di tempo all'esterno dei quali il cliente non è disponibile a ricevere il veicolo e la relativa consegna;
- la necessità di servire specifici clienti con veicoli particolari (ad esempio, di dimensioni non superiori a un certo limite) o dotati di attrezzature specifiche (ad esempio per il carico/scarico di particolari prodotti e materiali);
- il numero massimo di veicoli utilizzabili, qualora questa rappresenti una variabile del problema;
- la presenza di vincoli di precedenza tra clienti nel percorso di visita;
- la necessità di servire un cliente con un singolo veicolo, contrapposta alla possibilità di fornire la quantità richiesta tramite più consegne ad opera di veicoli diversi;
- la necessità di accoppiare ad un viaggio di consegna un viaggio di rientro passante per determinati punti di prelievo (*pick-up point*) per il rifornimento;
- la necessità di considerare più depositi di partenza.

Nella formulazione di base il periodo di programmazione è di un singolo *time bucket* (in genere un giorno), ogni cliente deve essere servito da un solo veicolo – i quali hanno tutti la medesima capacità – e l'obiettivo è di servire tutti i clienti minimizzando il costo complessivo – dipendente dalla distanza percorsa – dei viaggi di consegna, i quali devono iniziare e terminare presso l'unico deposito presente.

Quindi, il *VRP* può essere visto come la congiunzione di un problema di assegnamento e un problema di percorso minimo. Se il numero di veicoli da utilizzare è una variabile del problema, la quale dovrà essere minimizzata, il problema dell'assegnamento è ricondotto al *Bin Packing Problem* (*BPP*) dove alcuni oggetti di diverso volume devono essere impacchettati in contenitori di capacità finita in modo da minimizzarne il numero utilizzato.

Per illustrare efficacemente il caso di studio oggetto di questo capitolo, introduciamo brevemente nei prossimi paragrafi il *BPP* e, a seguire, un classico problema di ricerca del percorso minimo, noto come il problema del commesso viaggiatore (*Traveling Salesman Problem – TSP*).

6.2 Il problema dell'assegnamento: il *Bin Packing Problem*

Il *BPP* è formulabile in modo piuttosto semplice. Sia dato un insieme N di oggetti di peso w_n e un insieme M di contenitori, ognuno di capacità W. Il problema del *bin packing* richiede di inserire tutti gli oggetti nei contenitori in modo che ciascun oggetto venga inserito in un contenitore, il peso degli oggetti inseriti in ciascun contenitore non superi la capacità W del contenitore e il numero di contenitori utilizzati sia il minimo possibile.

Per formulare il *BPP* necessitiamo di 2 variabili:

$$x_{nm} = \begin{cases} 1 & \text{se l'oggetto } n \text{ è inserito nel contenitore } m \\ 0 & \text{altrimenti,} \end{cases} \quad (6.1)$$

$$y_m = \begin{cases} 1 & \text{se il contenitore } m \text{ è utilizzato} \\ 0 & \text{altrimenti.} \end{cases} \quad (6.2)$$

La funzione obiettivo del *BPP* consiste nella minimizzazione del numero di contenitori utilizzati:

$$Z_{BPP} = \sum_{m \in M} y_m. \quad (6.3)$$

Per quanto riguarda i vincoli, dobbiamo assicurare che ogni oggetto in N sia assegnato ad un solo contenitore. Per fare questo, imponiamo il seguente vincolo:

$$\sum_{m \in M} x_{nm} = 1 \quad \forall n \in N. \quad (6.4)$$

Il vincolo successivo garantisce il rispetto della capacità W dei contenitori:

$$\sum_{n \in N} w_n \cdot x_{nm} \leq y_m \cdot W \quad \forall m \in M. \quad (6.5)$$

La logica del vincolo (6.5) è piuttosto intuitiva: se il contenitore $\tilde{m}$ è utilizzato ($y_{\tilde{m}} = 1$), allora la somma dei pesi degli oggetti assegnati a $\tilde{m}$ (quindi tali per cui $x_{n\tilde{m}} = 1$) deve essere minore della capacità W. Se, invece, il contenitore $\tilde{m}$ non è utilizzato ($y_{\tilde{m}} = 0$), allora non è possibile associargli alcun oggetto.

Infine, i vincoli sul dominio delle variabili:

$$x_{nm} \in \{0,1\} \quad \forall n \in N,\, m \in M, \qquad (6.6)$$
$$y_m \in \{0,1\} \quad \forall m \in M. \qquad (6.7)$$

6.3 Il problema del percorso minimo: il *Traveling Salesman Problem*

Uno dei principali problemi nella gestione dei trasporti consiste, una volta assegnati i clienti ai mezzi, nel determinare i percorsi di ogni veicolo e, quindi, la sequenza con la quale i clienti verranno visitati. Nel caso in cui i vincoli di capacità dei mezzi possano essere ignorati, il problema si riduce alla ricerca dei percorsi ottimali da assegnare ad ogni veicolo della flotta [2]. Una restrizione spesso adottata consiste nel richiedere che il percorso sia tale che ogni cliente sia visitato una sola volta. Sotto queste condizioni, il problema della ricerca del percorso minimo è considerabile un classico della ricerca operativa, che prende il nome *Traveling Salesman Problem* (*TSP*).

Formalmente, il *TSP* considera un grafo $G = (N, A)$ completo[3], dove N rappresenta l'insieme dei nodi (nel nostro caso, i clienti da visitare) e A l'insieme degli archi (le strade percorribili) che connettono i nodi. A sua volta l'insieme A è costituito da coppie (i,j) con $i,j \in N$, che rappresentano l'arco che dal nodo i va verso il nodo j. Ad ogni arco $(i,j) \in A$ è associato un costo c_{ij}.

Una soluzione del *TSP* consiste in un unico percorso che tocchi tutti i nodi in N una sola volta (si parla in questo caso di *percorso* (o *circuito*) *hamiltoniano*), il cui costo Z, espresso ad esempio in unità monetarie, unità metriche o altro, sia il minimo possibile. Formalmente, il costo del percorso si esprime come:

$$Z = \sum_{(i,j) \in A} c_{ij} \cdot x_{ij}, \qquad (6.8)$$

dove la variabile binaria x_{ij} è pari a 1 se l'arco (i,j) fa parte del percorso ottimo, 0 altrimenti.

In merito ai vincoli, nel *TSP* essi devono garantire due aspetti:

- che tutti i nodi siano visitati una sola volta;
- che gli archi scelti costituiscano effettivamente un unico ciclo.

Per quanto riguarda la garanzia di visitare tutti i nodi, possiamo sfruttare una proprietà piuttosto intuitiva dei nodi appartenenti ad un ciclo; tale proprietà consiste nel fatto che ogni nodo appartenente al ciclo hamiltoniano

---

[2] Osserviamo che, una volta assegnati i clienti ai mezzi, la determinazione dei percorsi può essere fatta per ogni veicolo indipendentemente dagli altri.
[3] Un grafo $G = (N, A)$ si definisce completo se, per ogni coppia di nodi in N, esiste un arco non orientato in A che li connette.

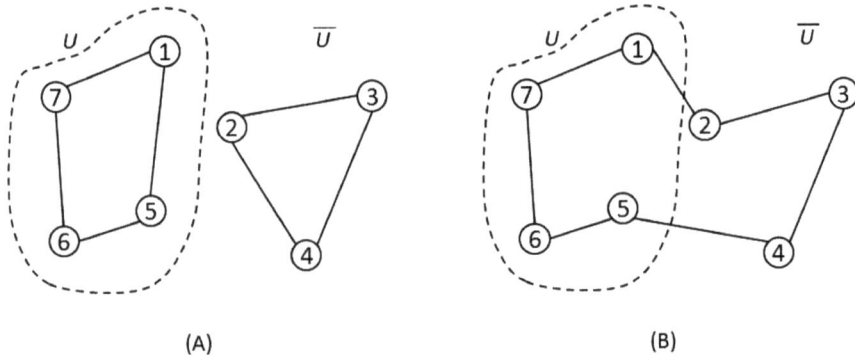

Fig. 6.2. Soluzione con sottocicli (A) e senza (B)

ricercato è "toccato" da due archi, uno per l'ingresso nel nodo e uno per l'uscita. In termini formali questo equivale a dire che il grado (*degree*) dei nodi (ossia il numero di archi incidenti un nodo) deve essere esattamente 2.

Questa proprietà può essere espressa matematicamente tramite la seguente coppia di vincoli:

$$\sum_{\substack{i\,:\,(i,j)\,\in\,A \\ i\neq j}} x_{ij} = 1 \quad \forall j \in N, \tag{6.9}$$

$$\sum_{\substack{i\,:\,(j,i)\,\in\,A \\ i\neq j}} x_{ji} = 1 \quad \forall j \in N. \tag{6.10}$$

Per illustrare in dettaglio tali vincoli, consideriamo un generico nodo $\tilde{j}$. Tra tutti i possibili archi $(i, \tilde{j})$ che terminano in $\tilde{j}$, uno solo di essi potrà essere selezionato per far parte del circuito (rappresentando la via di ingresso nel nodo $\tilde{j}$). Di conseguenza, la sommatoria estesa a tutti i nodi i tale per cui esista un arco che origini in i (chiaramente diverso da $\tilde{j}$ stesso) e termini nel nodo $\tilde{j}$ deve essere pari a 1. I vincoli (6.9) impongono quindi che il grado in ingresso (*indegree*) da ogni nodo sia pari a 1.

In modo simmetrico, i vincoli (6.10) limitano la scelta ad un solo arco tra quelli originanti in $\tilde{j}$ e terminanti nel generico nodo i (*outdegree* pari a 1).

Sebbene i vincoli introdotti garantiscano che tutti i nodi vengano visitati una sola volta, essi non sono comunque sufficienti a garantire che la soluzione finale sia effettivamente costituita da un unico circuito.

In Figura 6.2 è illustrato graficamente il problema che si può presentare. Considerato un sottoinsieme U di nodi e il suo complemento $\overline{U} = N - U$, è possibile verificare che la soluzione (A) rispetta i vincoli (6.9, 6.10) ma, chiaramente, non fornisce una risposta al problema del *TSP* per via della presenza di sottocicli (*subtour*).

6.3 Il problema del percorso minimo: il *Traveling Salesman Problem*

Per garantire la formazione di un unico circuito facciamo la seguente osservazione: dato un circuito valido, come ad esempio quello in Figura 6.2B, per qualsiasi scelta dell'insieme U (tranne ovviamente che per $U = \emptyset$ e $U = N$) avremo sempre almeno due archi che congiungono i nodi in U e i nodi "al di fuori" di U, cosa che non è altrettanto vera per l'esempio in Figura 6.2A.

Tale condizione si esprime con il seguente insieme di vincoli, che prende il nome di *subtours breaking contraint set*:

$$\sum_{\substack{i \in U \\ j \notin U}} x_{ij} \geq 1 \qquad \forall U \subseteq N, U \neq \emptyset, U \neq N. \tag{6.11}$$

La presenza di questo vincolo aumenta in modo significativo la complessità del problema. Infatti, il numero di vincoli da considerare è pari al numero di modi di selezionare k nodi da N, con $k = 1, 2, \ldots, |N - 1|$, ossia:

$$\sum_{k=1}^{|N|-1} \binom{N}{k} = 2^{|N|} - 2. \tag{6.12}$$

Una formulazione alternativa alla (6.11) può essere ottenuta considerando che, dato un insieme U di nodi, non si potranno avere circuiti se il numero di archi aventi entrambi gli estremi in U è minore del numero di nodi in U. In altre parole, se consideriamo l'insieme U in Figura 6.2A costituito da 4 nodi, l'unico modo affinché si abbia un circuito è quello di avere 4 archi aventi entrambi gli estremi nei suddetti nodi.

Se anche uno solo di tali archi ha un estremo al di fuori di U non è possibile avere un circuito che comprenda tutti i nodi in U. Replicando lo stesso ragionamento su tutti i possibili sottoinsiemi di N (escluso l'insieme vuoto, gli insiemi di cardinalità 1 e l'insieme N stesso), abbiamo la seguente formulazione alternativa ai vincoli (6.11):

$$\sum_{\substack{i \in U \\ j \in U}} x_{ij} \leq |U| - 1 \qquad \forall U \subseteq N, 2 \leq |U| \leq \left\lceil \frac{|U|}{2} \right\rceil, \tag{6.13}$$

dove l'espressione $\lceil a \rceil$ con a numero reale indica un arrotondamento per eccesso o, più formalmente, il più piccolo numero intero A che sia non minore di a.

I vincoli (6.13) richiedono un ulteriore chiarimento riguardo agli insiemi U da considerare. Una prima osservazione, piuttosto intuitiva, riguarda il numero minimo di nodi da considerare pari a 2. Infatti, considerando un solo nodo, non ci sarebbe alcun arco i cui estremi sono entrambi in U. Pertanto possiamo trascurare i vincoli in cui la cardinalità di U sia pari a 1.

La seconda osservazione riguarda il limite superiore alla cardinalità di U, che è dovuto al fatto che U e $\overline{U}$ sono complementari, cosa che riduce il numero di vincoli da utilizzare.

Un'ulteriore formulazione alternativa dei vincoli di *subtours breaking* (nota come formulazione MTZ dai nomi degli autori originari [19]) è la seguente:

$$u_j \geq (u_i + 1) - (|N| - 1) \cdot (1 - x_{ij}) \qquad \forall i \in N \setminus \{1\}, j \in N \setminus \{1\}, \quad (6.14)$$

dove la variabile u_i (con $i \neq \{1\}$, $u_1 = 1$ e $2 \leq u_i \leq |N|$) rappresenta la sequenza con la quale sono visitati i clienti. L'idea di questa formulazione consiste nel forzare l'assegnamento alla variabile u_j del valore $u_i + 1$ nel caso in cui $x_{ij} = 1$. L'intuizione dietro la formulazione MTZ è interessante: se esiste un unico circuito che inizia e termina nel nodo 1, allora l'espressione (6.14) assegna effettivamente alla variabile u dei valori crescenti da 2 a $|N|$. Se invece esistono dei *subtour*, allora non sarà possibile associare dei valori corretti ad u. Per illustrare questo concetto, riprendiamo l'esempio di Figura 6.2A. In questo caso, considerando i nodi 2, 3 e 4 abbiamo[4] $x_{23} = 1$, $x_{34} = 1$ e $x_{42} = 1$; pertanto, considerando la variabile u su questi 3 nodi avremo per la (6.14):

$$\begin{aligned} x_{23} = 1 &\to u_3 \geq u_2 + 1 \\ x_{34} = 1 &\to u_4 \geq u_3 + 1 \geq u_2 + 1 \\ x_{42} = 1 &\to u_2 \geq u_4 + 1 \geq u_3 + 1 \geq u_2 + 1, \end{aligned} \qquad (6.15)$$

dove chiaramente l'ultima sequenza di disuguaglianze conduce all'impossibilità di assegnare valori coerenti alla variabile u. Se, invece, consideriamo il circuito in Figura 6.2B, che rappresenta una soluzione valida, avremo:

$$\begin{aligned} x_{23} = 1 &\to u_3 \geq u_2 + 1 \\ x_{34} = 1 &\to u_4 \geq u_3 + 1 \geq u_2 + 1 \\ x_{45} = 1 &\to u_5 \geq u_4 + 1 \geq u_3 + 1 \geq u_2 + 1 \\ x_{56} = 1 &\to u_6 \geq u_5 + 1 \geq u_4 + 1 \geq u_3 + 1 \geq u_2 + 1 \\ x_{67} = 1 &\to u_7 \geq u_6 + 1 \geq u_5 + 1 \geq u_4 + 1 \geq u_3 + 1 \geq u_2 + 1, \end{aligned} \qquad (6.16)$$

che ha come unica soluzione ammissibile:

$$\begin{aligned} u_2 = 2 \quad & u_3 = 3 \quad u_4 = 4 \\ u_5 = 5 \quad & u_6 = 6 \quad u_7 = 7. \end{aligned}$$

Il punto di forza della formulazione MTZ è che consente di ridurre il numero dei vincoli necessari all'eliminazione dei *subtour*.

L'ultimo insieme di vincoli da considerare specifica la tipologia delle variabili:

$$x_{ij} \in \{0, 1\} \qquad \forall i \in N, j \in N. \qquad (6.17)$$

Da questa pur breve panoramica emerge la complessità del *TSP* e, di conseguenza, si può intuire la complessità del *VRP*. Ad ogni modo, la struttura del *TSP* è basilare per sviluppare il modello del *VRP*, come illustrato nei successivi paragrafi.

---

[4] Assumiamo convenzionalmente un circuito $2 \to 3 \to 4 \to 2$, ma le conclusioni sarebbero le stesse con qualsiasi senso di percorrenza e a partire da qualsiasi nodo.

6.4 Descrizione del caso

Consideriamo un'azienda che rifornisce combustibile per il riscaldamento domestico ai propri clienti che ne fanno domanda secondo le proprie necessità, in zone non raggiunte da altre modalità. Ogni cliente dispone di un serbatoio privato che permette di stoccare il combustibile per l'utilizzo, e si occupa direttamente di monitorarne il livello al fine di emettere le richieste di rifornimento.

Poiché i consumi sono variabili da cliente a cliente, ne consegue che l'insieme di clienti da servire giorno per giorno cambia in continuazione, in funzione dei fabbisogni dei singoli. Cambiando i clienti cambiano, di conseguenza, anche tutti i percorsi che devono essere assegnati ai veicoli.

Il trasporto è generalmente a breve distanza e per quantità inferiori alla capacità dei singoli mezzi; la determinazione dei percorsi, di durata inferiore alla giornata lavorativa, originanti da un unico nodo logistico (deposito) e terminanti nello stesso nodo, è un fattore critico per l'azienda in quanto potenziale causa di ingenti costi.

I mezzi disponibili hanno capacità diverse: alcuni hanno grandi capacità in grado di soddisfare molti clienti con un singolo viaggio, mentre altri hanno capacità (e, quindi, dimensione) ridotta in quanto devono servire clienti dislocati in aree di difficile accesso per mezzi di dimensioni maggiori. Alcuni mezzi sono equipaggiati con particolari attrezzature in grado di raggiungere punti ad accessibilità molto limitata per via di recinzioni o cancellate, o per il posizionamento del serbatoio.

L'azienda necessita quindi di un sistema in grado di determinare le rotte da assegnare ai diversi veicoli tenendo in conto le richieste dei clienti e le caratteristiche dei diversi mezzi. Un vincolo molto stringente è rappresentato dalla necessità di servire completamente la domanda (in altre parole, non è ammesso *backlog*) per evitare di lasciare i clienti senza combustibile.

6.5 Formulazione del modello

Procederemo gradualmente alla formulazione del modello, ipotizzando in prima istanza di trascurare i vincoli sulla capacità dei mezzi per poi reintrodurli successivamente come estensione del modello di base. L'obiettivo del modello di base è quindi di trovare un numero di circuiti pari al numero di mezzi disponibili tali per cui la somma dei costi di tutti i circuiti sia minima. Assumendo che tali circuiti originino da e terminino in un singolo punto, questo tipo di problema è anche noto come *Multi-TSP*.

Parametri e variabili

Ipotizzando di trascurare i vincoli sulla capacità dei mezzi, il caso descritto richiede di considerare i parametri riportati nella pagina seguente.

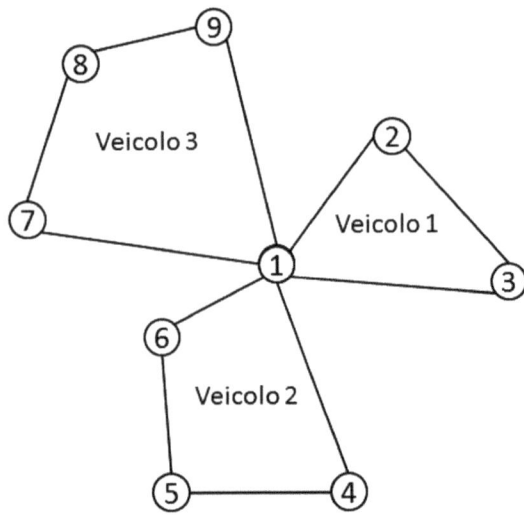

Fig. 6.3. Un esempio di soluzione del *VRP*

- N Insieme dei clienti, idealmente dislocati sui nodi di un grafo G. Uno di tali nodi, convenzionalmente indicato come nodo 1, sarà il sito di partenza (deposito) (Fig. 6.3).
- A Insieme delle tratte percorribili, ossia degli archi che connettono le coppie di nodi. Per semplicità possiamo ipotizzare che esista un arco orientato per qualsiasi coppia ordinata (i,j) in $N \times N$ (equivalente ad avere un arco non orientato per qualsiasi coppia non ordinata (i,j) con $i,j \in N$).
- c_{ij} Costo relativo alla tratta di percorso dal nodo i al nodo j. Esso è generalmente espresso in termini monetari, poiché l'obiettivo del *TSP* è quello di minimizzare il costo del percorso. Cionondimeno, è possibile utilizzare altre unità di misura in riferimento a diversi obiettivi: ad esempio, se il costo fosse espresso in unità di tempo, l'obiettivo diverrebbe quello di trovare il percorso più veloce. Nel nostro caso manterremo l'interpretazione classica con i costi espressi in euro per tratta. Nel *TSP simmetrico*, si avrà $c_{ij} = c_{ji}$, mentre tale uguaglianza può non sussistere nel caso del *TSP asimmetrico*. Ipotizziamo inoltre che sia soddisfatta la *disuguaglianza triangolare*, ossia che $c_{ij} + c_{jk} \geq c_{ik}$ $\forall i,j,k \in N$.
- K Insieme dei mezzi da utilizzare per la distribuzione, ognuno avente la propria capacità Q_k che, nella formulazione di base, considereremo infinita.

La formulazione del *Multi-TSP* richiede l'utilizzo di una sola variabile:

- x_{ij} Variabile binaria pari a 1 se la tratta dal nodo i al nodo j fa parte di un percorso, 0 altrimenti.

6.5 Formulazione del modello

Funzione obiettivo

La funzione obiettivo è del tutto analoga a quella del *TSP*, illustrata in precedenza:

$$Z = \sum_{i \in N} \sum_{j \in N} c_{ij} \cdot x_{ij} = \sum_{(i,j) \in A} c_{ij} \cdot x_{ij}. \tag{6.18}$$

Vincoli

La formulazione dei vincoli del problema è molto simile al caso del *TSP* semplice; la principale modifica riguarda il grado del nodo deposito, che non sarà più pari a 2 come per tutti gli altri nodi, ma dovrà essere pari a $2 \cdot |K|$. Tale conclusione è immediata se si pensa che ogni mezzo entra ed esce una sola volta dal nodo deposito, per cui ogni mezzo contribuisce con due archi incidenti al grado del nodo deposito.

Pertanto, i vincoli sul grado dei nodi non deposito sarà dato da vincoli analoghi a (6.9, 6.10) con l'esclusione del nodo 1:

$$\sum_{\substack{i\,:\,(i,j)\,\in\,A \\ i \neq j}} x_{ij} = 1 \quad \forall j \in N \setminus \{1\}, \tag{6.19}$$

$$\sum_{\substack{i\,:\,(j,i)\,\in\,A \\ i \neq j}} x_{ji} = 1 \quad \forall j \in N \setminus \{1\}, \tag{6.20}$$

mentre per il nodo 1 dove è situato il deposito si avrà:

$$\sum_{j \in N \setminus \{1\}} x_{1j} = |K|, \tag{6.21}$$

$$\sum_{j \in N \setminus \{1\}} x_{j1} = |K|. \tag{6.22}$$

Si noti come i vincoli (6.21, 6.22) assicurino che vengano definiti esattamente $|K|$ percorsi, pari al numero di mezzi disponibili[5]. Infatti, il vincolo (6.21) assicura che dal nodo 1 partano $|K|$ archi, mentre il vincolo (6.22) assicura che terminino nel nodo 1 esattamente $|K|$ archi.

Infine, è necessario eliminare i possibili sottocicli, escludendo ancora una volta il nodo dove è situato il deposito:

$$\sum_{\substack{i \,\in\, U \\ j \,\in\, U}} x_{ij} \leq |U| - 1 \quad \forall U \subseteq N \setminus \{1\}, \; 2 \leq |U| \leq \left\lceil \frac{|U|}{2} \right\rceil. \tag{6.23}$$

---

[5]In realtà i vincoli (6.22) sono ridondanti rispetto agli altri vincoli formulati ma, per completezza, li manterremo nella formulazione.

In definitiva, il modello del *multi-TSP* non si discosta molto dal modello del *TSP* classico, se non per alcuni accorgimenti sui vincoli.

Più articolato e complesso, sebbene sempre fondato sulla medesima struttura di partenza, il caso in cui si considerino le capacità dei singoli mezzi, come illustrato nel paragrafo successivo.

6.6 Estensioni del modello

6.6.1 Introduzione dei vincoli di capacità

Per rendere il modello del *multi-TSP* più aderente alla realtà – al costo di una significativa maggior complessità – è necessaria l'introduzione di vincoli di capacità sugli automezzi.

Consideriamo quindi il caso in cui ogni veicolo ha una capacità massima finita pari a Q_k che deve essere sfruttata al meglio per servire i diversi nodi della rete, i quali manifestano una domanda D_i. Ipotizziamo di dover utilizzare tutti i $|K|$ mezzi disponibili.

Per la formulazione di questa estensione non è più sufficiente considerare una variabile x_{ij} per determinare se una tratta deve essere percorsa o meno in uno dei circuiti. È necessario, infatti, determinare quale veicolo tra quelli disponibili percorrerà la generica tratta (i,j).

Sostituiamo dunque la variabile x_{ij} con la seguente:

$$x_{ijk} = \begin{cases} 1 & \text{se la tratta } (i,j) \text{ è percorsa dal veicolo } k \\ 0 & \text{altrimenti.} \end{cases} \quad (6.24)$$

La formulazione completa di questo caso eredita molte delle caratteristiche già discusse nei modelli precedenti di questo capitolo. Cionondimeno, è necessario apportare delle modifiche sostanziali, a partire dalla funzione obiettivo che, per contemplare l'utilizzo di diversi veicoli, diventa:

$$Z = \sum_{i \in N} \sum_{j \in N} \sum_{k \in K} c_{ij} \cdot x_{ijk}. \quad (6.25)$$

Come discusso in precedenza, il grado di tutti i nodi, escluso il nodo deposito (per ipotesi, nodo 1), deve essere pari a 2, indipendentemente dall'assegnamento dei veicoli ai percorsi:

$$\sum_{i \in N} \sum_{k \in K} x_{ijk} = 1 \quad \forall j \in N \setminus \{1\}, \quad (6.26)$$

$$\sum_{i \in N} \sum_{k \in K} x_{jik} = 1 \quad \forall j \in N \setminus \{1\}. \quad (6.27)$$

Questi vincoli non garantiscono la creazione di $|K|$ circuiti. Infatti, tale formulazione riterrebbe valida una soluzione nella quale, considerando un generico nodo n, si entrasse in tale nodo con il veicolo k_1 proveniente dal nodo i e se ne uscisse con il veicolo k_2 verso un nodo j.

Per evitare queste soluzioni, per ogni generico veicolo k è necessario assicurare che a un suo ingresso in un nodo h faccia seguito anche la sua uscita, ossia:

$$\sum_{i \in N} x_{ihk} - \sum_{j \in N} x_{hjk} = 0 \qquad \forall k \in K, h \in N. \tag{6.28}$$

Affinché la soluzione contempli esattamente $|K|$ percorsi, introduciamo i seguenti vincoli:

$$\sum_{j \in N} x_{j1k} = 1 \qquad \forall k \in K, \tag{6.29}$$

$$\sum_{j \in N} x_{1jk} = 1 \qquad \forall k \in K. \tag{6.30}$$

Infatti, in questo modo ogni veicolo entra ed esce dal nodo 1 una sola volta.

La caratteristica veramente distintiva di questa estensione del problema originario consiste nel considerare una capacità massima per i veicoli. A causa di questa limitazione, i clienti andranno assegnati ai veicoli in modo tale da non eccederne la capacità massima Q_k. Questo vincolo si traduce nella seguente espressione:

$$\sum_{i \in N} \sum_{j \in N} D_i \cdot x_{ijk} \leq Q_k \qquad \forall k \in K. \tag{6.31}$$

A questi vanno aggiunti i vincoli di *subtours breaking* che, sulla base della formulazione MTZ, possiamo scrivere come [13]:

$$u_i - u_j + |N| \cdot \sum_{k \in K} x_{ijk} \leq |N| - 1 \qquad \forall\, i \in N \setminus \{1\}, j \setminus \{1\}, i \neq j. \tag{6.32}$$

6.6.2 Introduzione di ulteriori vincoli

Oltre alla capacità di carico potrebbero presentarsi anche altre limitazioni, come ad esempio la massima distanza percorribile o il massimo tempo utilizzabile. Supponiamo che gli autisti dei veicoli abbiano turni di $T = 8$ ore e che sia possibile determinare un tempo medio di percorrenza per ogni tratta, indicato con t_{ij}, opportunamente incrementato per tener conto del tempo di sosta all'arrivo. In tal caso, il tempo necessario a percorrere il circuito non dovrà essere superiore a T, pertanto:

$$\sum_{i \in N} \sum_{j \in N} t_{ij} \cdot x_{ijk} \leq T \qquad \forall k \in K. \tag{6.33}$$

Analogamente, se volessimo garantire un carico minimo ad ogni mezzo dovremmo imporre:

$$\sum_{i \in N} \sum_{j \in N} D_i \cdot x_{ijk} \geq G \qquad \forall k \in K, \tag{6.34}$$

dove G rappresenta il minimo carico richiesto per ogni mezzo. Osserviamo però che l'aggiunta di questo vincolo potrebbe rendere il problema inammissibile.

6.7 Considerazioni conclusive

Il *TSP* e il *VRP* rappresentano due tipici problemi logistici di notevole interesse e rilevanza. D'altra parte, mettono in luce la complessità che i modelli possono raggiungere, cosa che incide in modo significativo sugli algoritmi di risoluzione. Già in questa versione semplificata, molte istanze del *VRP* risultano essere difficilmente trattabili con i tradizionali metodi di modellazione.

Per questo motivo sono stati suggeriti diversi approcci di tipo euristico, basati su considerazioni di "buon senso" con l'obiettivo di formulare una risposta buona in tempi di calcolo accettabili.

//
Parte II

Modelli per la gestione dei servizi energetici

7

Programmazione della produzione di energia elettrica

Il settore energetico italiano ha subito nell'ultimo decennio una radicale trasformazione con la progressiva liberalizzazione dei due principali mercati energetici, quello elettrico e quello del gas, e con l'apertura a nuovi soggetti terzi rispetto alle aziende statali ed ex monopoliste, al fine di promuovere l'efficienza del settore. Nel settore elettrico il parco di generazione è ora suddiviso tra più produttori che vendono la propria produzione in concorrenza fra loro.

Prima della liberalizzazione del mercato il produttore monopolista doveva gestire le risorse di produzione per soddisfare la domanda del sistema minimizzando il costo di produzione. Nel nuovo contesto concorrenziale i singoli produttori tendono alla massimizzazione dei profitti futuri attesi. Il prezzo di mercato dell'energia elettrica, che assume quindi un ruolo fondamentale nelle decisioni dei produttori, è determinato dal Gestore del Mercato con la seguente procedura. I produttori presentano al Gestore del Mercato le proprie offerte di vendita, in termini di potenza-prezzo, per ogni impianto di produzione e per ogni ora del giorno dopo. Le offerte relative a ciascuna ora vengono ordinate in ordine crescente di prezzo (*ordine di merito*), formando la curva di offerta aggregata oraria. Il Gestore del Mercato determina quindi le offerte di vendita da accettare in ogni ora per soddisfare la domanda oraria di carico al minimo costo: il prezzo orario di mercato è il prezzo dichiarato nella più costosa offerta accettata.

Le fonti di energia primaria impiegata nella produzione di energia elettrica si distinguono in fonti rinnovabili e non rinnovabili. Si dicono rinnovabili le fonti primarie inesauribili e le fonti primarie che, una volta utilizzate per alimentare gli impianti di generazione, possono essere recuperate e messe nuovamente a disposizione delle centrali elettriche. Producono energia elettrica a partire da fonti rinnovabili:

- le centrali idroelettriche, che, situate a quote altimetriche inferiori rispetto al bacino idrico, sfruttano l'energia potenziale di una massa d'acqua in caduta;

- le centrali solari, che sfruttano l'energia della luce solare;
- le centrali eoliche, che sfruttano l'energia cinetica dei venti;
- le centrali maremotrici, che vengono azionate dal moto ondoso o dalle maree.

Vengono comprese in questa categoria anche le centrali geotermoelettriche, realizzate per sfruttare il calore dei vapori endogeni che fuoriescono dal sottosuolo, sebbene a rigore questi ultimi non potrebbero essere considerati una fonte rinnovabile.

Si dicono non rinnovabili le fonti primarie che, una volta utilizzate nel ciclo produttivo, perdono le caratteristiche energetiche che le rendevano idonee alla generazione di energia elettrica. Sono impianti di produzione a fonti non rinnovabili:

- le centrali termoelettriche convenzionali, che utilizzano l'energia termica prodotta dalla combustione di combustibili tradizionali solidi (carbone, torba, lignite), liquidi (petrolio) o gassosi (metano) per alimentare le turbine che azionano i generatori;
- le centrali termonucleari, che sfruttano l'energia termica prodotta in seguito a processi di fissione nucleare.

Un caso particolare è quello delle centrali di produzione combinata di energia e calore, detta cogenerazione, in cui il calore che residua dallo svolgimento di processi di produzione di vapore o dalla combustione di gas viene recuperato e impiegato per altri usi (processi industriali, riscaldamento urbano, ecc.).

In questo capitolo consideriamo il problema della programmazione delle risorse di produzione di energia elettrica in diversi orizzonti temporali. Nel Paragrafo 7.1 è presentato un modello per la programmazione annuale delle risorse di produzione idroelettriche. Nel Paragrafo 7.2 si introducono i vincoli che descrivono il funzionamento degli impianti termoelettrici. I modelli per la programmazione di breve periodo di risorse idrotermoelettriche sono presentati nei Paragrafi 7.3 e 7.4, per i casi di produttore *price-taker* e produttore *price-maker* rispettivamente. I modelli presentati nei Paragrafi 7.1, 7.2, 7.3 e 7.4 sono deterministici, ossia definiti nell'ipotesi che i valori dei parametri siano noti con certezza. Nel Paragrafo 7.5 è infine presentato un modello di programmazione stocastica per il coordinamento della produzione giornaliera di impianti idroelettrici ed eolici, nel quale si tiene conto dell'incertezza della produzione futura di energia eolica.

7.1 Programmazione annuale delle risorse di produzione idroelettrica

Il sistema idroelettrico è costituito da una o più *vallate*, che raccolgono e sfruttano le risorse idrologiche di un bacino imbrifero mediante un complesso di canali e di altre infrastrutture strettamente legate alla conformazio-

7.1 Programmazione annuale delle risorse di produzione idroelettrica

ne idrogeologica del bacino stesso. Sono componenti fondamentali di una vallata:

- i serbatoi di testa, le vasche intermedie di modulazione e i bacini di accumulazione, che costituiscono le strutture, artificiali o naturali, destinate al convogliamento e all'accumulazione delle acque;
- le centrali idrauliche di generazione, in cui ha luogo la trasformazione dell'energia potenziale dell'acqua in energia elettrica. La potenza generata dipende dalla portata d'acqua elaborata dalla turbina e dall'altezza di caduta dell'acqua: essendo la dipendenza dal secondo fattore trascurabile rispetto al primo, la potenza prodotta è approssimata dal prodotto della portata elaborata per un coefficiente costante di resa energetica, detto coefficiente energetico medio della centrale;
- gli impianti di pompaggio, che effettuano il risollevamento elettromeccanico delle acque di scarico raccolte in un serbatoio (detto bacino di accumulazione) posto a valle dell'impianto, per ricreare artificialmente la disponibilità di acqua nel serbatoio superiore per l'utilizzo in un tempo successivo. Le unità che effettuano il pompaggio sono considerate come centrali fittizie che assorbono potenza, alle quali è associato un coefficiente di resa energetica negativo;
- i canali di derivazione, che mettono in comunicazione più vasche consecutive del sistema. Sono caratterizzati da un tempo di corrivazione, o ritardo, che è il tempo occorrente per il trasferimento dell'acqua da una vasca ad un'altra;
- gli sfiori, ossia i deflussi verso una vasca a valle dell'acqua che affluisce ad un serbatoio situato a monte, al fine di evitarne la tracimazione.

I piani di svaso dei serbatoi stagionali e i piani di utilizzo degli impianti di pompaggio, che effettuano il trasferimento temporale di energia, sono determinati mediante una programmazione annuale (o di medio termine) con discretizzazione oraria, sulla base delle previsioni degli apporti idrici naturali (conseguenti allo scioglimento delle nevi e alle precipitazioni) e delle previsioni sull'andamento dei prezzi orari di mercato.

Il modello matematico utilizzato descrive i rapporti di interdipendenza idraulica tra i vari elementi che formano la vallata mediante un multi-grafo orientato: i nodi rappresentano i bacini di alimentazione delle centrali e di raccolta delle acque; ciascun arco rappresenta o una centrale di generazione o un impianto di pompaggio o uno sfioro. Le variabili decisionali sono, per ciascuna ora dell'anno, i volumi d'acqua nelle vasche, le portate d'acqua turbinate nelle centrali, le portate d'acqua fatte rifluire forzatamente ai bacini di raccolta superiori dalle unità di pompaggio e le portate d'acqua che fluiscono dai bacini a monte verso i bacini a valle senza produrre energia, ossia gli sfiori.

I valori assunti dai volumi d'acqua contenuti nelle vasche e dalle portate d'acqua devono soddisfare i vincoli di conservazione di massa in ogni vasca e in ogni ora e non devono superare i valori di invaso massimo e di portata massima, rispettivamente. Nell'ultima ora del periodo di programmazione sono inoltre posti vincoli di minimo invaso nelle vasche per garantire la presenza di una quantità d'acqua sufficiente alla produzione nel successivo periodo di programmazione.

Parametri e variabili

Il modello matematico del sistema idroelettrico utilizza i seguenti insiemi e parametri:

- T Insieme delle ore del periodo di programmazione, la cui ultima ora è denotata con il simbolo $|T|$.
- J Insieme dei nodi.
- I Insieme degli archi orientati.
- A_{ij} Elemento della riga i e della colonna j della matrice di incidenza del multi-grafo che rappresenta il sistema idroelettrico, definita come:

$$A_{ij} = \begin{cases} -1 & \text{se l'arco } i \text{ esce dal nodo } j \\ 1 & \text{se l'arco } i \text{ entra nel nodo } j \\ 0 & \text{se l'arco } i \text{ non incide sul nodo } j. \end{cases}$$

- $\overline{v}_j$ Volume massimo d'acqua immagazzinabile nel bacino j.
- F_{jt} Apporto naturale nel bacino j nell'ora t.
- v_{j0} Volume d'acqua presente nel serbatoio j all'inizio del periodo di programmazione.
- $\underline{v}_{j|T|}$ Volume minimo d'acqua richiesto nel serbatoio j alla fine del periodo di programmazione.
- k_i Se l'arco i rappresenta una centrale idroelettrica, $k_i > 0$ è il coefficiente energetico medio della centrale; se l'arco i rappresenta un impianto di pompaggio, $k_i < 0$ e il valore assoluto di k_i è il rapporto tra la potenza elettrica assorbita dalle pompe e la portata d'acqua pompata; se l'arco i rappresenta uno sfioro, k_i è nullo.
- $\overline{q}_i$ Portata massima dell'arco i.

Per ogni arco si devono determinare le portate orarie (turbinate, pompate o sfiorate) e per ogni serbatoio si devono determinare i livelli d'acqua alla fine di ogni ora del periodo di programmazione. Si definiscono quindi le seguenti variabili decisionali per $i \in I$, $j \in J$ e $t \in T$:

- q_{it} Portata d'acqua nell'arco i nell'ora t.
- v_{jt} Volume d'acqua nel serbatoio j alla fine dell'ora t.

7.1 Programmazione annuale delle risorse di produzione idroelettrica

Vincoli

I valori delle variabili decisionali devono soddisfare i seguenti vincoli:

- Vincoli di conservazione di massa nelle vasche:

$$v_{jt} = v_{j,t-1} + F_{jt} + \sum_{i \in I} A_{ij} \cdot q_{it} \qquad j \in J,\, t \in T. \tag{7.1}$$

Il volume d'acqua in ogni vasca j alla fine di ogni ora t deve essere pari alla somma del volume d'acqua alla fine dell'ora precedente $t-1$ e dei flussi in entrata nell'ora t (apporti naturali, scarico da centrali a monte, sfiori da bacini a monte e pompaggio da bacini a valle), diminuita dei flussi in uscita nell'ora t (scarico verso centrali a valle, sfiori verso bacini a valle e pompaggio verso bacini a monte).

- Vincoli sulla capacità delle vasche:

$$0 \leq v_{jt} \leq \overline{v}_j \qquad j \in J,\, t \in T. \tag{7.2}$$

In ogni ora t il volume d'acqua accumulato in ogni vasca j deve essere non negativo e non maggiore della capacità della vasca.

- Vincoli sull'energia idraulica disponibile alla fine del periodo di programmazione:

$$\underline{v}_{j|T|} \leq v_{j|T|} \qquad j \in J. \tag{7.3}$$

Alla fine del periodo di programmazione il volume d'acqua immagazzinato nella vasca j non deve essere minore del minimo invaso necessario a garantire la produzione nel successivo periodo di programmazione.

- Vincoli sulle portate di acqua elaborata, pompata e sfiorata:

$$0 \leq q_{it} \leq \overline{q}_i \qquad i \in I,\, t \in T. \tag{7.4}$$

In ogni ora la portata d'acqua elaborata da ogni centrale idraulica o pompata da ogni impianto di pompaggio o sfiorata deve essere non negativa e non maggiore delle corrispondenti portate massime.

Tra tutti i valori delle variabili decisionali che soddisfano i vincoli, si vogliono individuare quelli che massimizzano i ricavi dalla vendita dell'energia idroelettrica prodotta, valorizzata ai prezzi di mercato. Obiettivo della programmazione annuale è quindi:

$$\max \sum_{t \in T} \lambda_t \cdot \left(\sum_{i \in I} k_i \cdot q_{it} \right), \tag{7.5}$$

dove λ_t rappresenta il prezzo dell'energia elettrica determinato dal mercato nell'ora t.

Con il modello introdotto è possibile condurre analisi volte a determinare:

- la programmazione ottima di una vallata idroelettrica sotto il vincolo che la produzione impieghi solo gli apporti naturali, ossia ponendo il vincolo $v_{j|T|} = v_{j0}$;
- il livello ottimale di inizio periodo dei bacini stagionali al fine di minimizzare gli sfiori.

I piani ottimali di utilizzo delle risorse idriche determinati dalla programmazione di medio periodo definiscono la disponibilità delle risorse idriche per ogni settimana dell'anno e sono quindi dati di *input* della programmazione settimanale o di breve periodo.

7.2 Vincoli per la programmazione degli impianti termoelettrici

Il modello matematico del sistema termoelettrico, che descrive il funzionamento di ogni unità termica di cui il sistema è composto, risulta di maggiore complessità rispetto al modello che descrive il sistema idroelettrico. Infatti le seguenti caratteristiche tecniche sono rilevanti ai fini della definizione dei programmi ottimi di utilizzo delle unità termiche:

- Quando l'unità è in servizio, la potenza generata non può superare la potenza massima producibile e non può essere minore di un valore positivo minimo, detto *minimo tecnico*. Nelle ore in cui la potenza generata deve essere nulla, l'unità deve essere fuori servizio.
- I cambi di stato delle unità termiche (ossia le manovre di accensione e spegnimento) determinano l'usura di alcune componenti elettriche e meccaniche, comportando una riduzione delle prestazioni ottenibili in termini di energia producibile. Per ogni manovra di accensione si sostiene inoltre il costo dell'energia per portare l'unità alle condizioni di temperatura e pressione necessarie al funzionamento. Ad ogni manovra di accensione viene perciò associato un costo pari alla somma del costo dell'energia necessaria per portare l'impianto a regime di funzionamento e del costo che esprime il deperimento subito dall'unità termica ogni volta che viene accesa; ad ogni manovra di spegnimento è associato il costo legato al deperimento subito dall'impianto.
- Per preservare l'efficienza dell'unità termica sono posti vincoli di minima durata alla permanenza negli stati "in servizio" e "fuori servizio".
- La differenza tra i livelli di potenza generata in due ore contigue non può superare un valore massimo di variazione.
- Nell'ora in cui l'unità termica entra in servizio la potenza generata non può superare un certo valore massimo prefissato. Analoga restrizione si applica alla potenza generata nell'ultima ora di servizio prima di uno spegnimento.

7.2 Vincoli per la programmazione degli impianti termoelettrici

- Oltre ai costi dipendenti dai cambi di stato dell'unità termica, si sostiene il costo legato alla quantità di combustibile utilizzata per la produzione: esso è espresso da una funzione quadratica della potenza generata, che rappresenta la somma di una componente fissa, dovuta ad un consumo minimo costante quando l'impianto è in servizio, e di una componente variabile, dipendente dalla potenza generata.

Parametri e variabili

Per la formulazione del modello definiamo la seguente notazione:

- K Insieme delle unità termiche.
- $\overline{p}_k$ Massima potenza producibile dall'unità termica k.
- $\underline{p}_k$ Minima potenza producibile dall'unità termica k.
- csu_k Costo di ciascuna manovra di accensione dell'unità k.
- csd_k Costo di ciascuna manovra di spegnimento dell'unità k.
- ta_k Minima durata di permanenza nello stato "in servizio" per l'unità termica k.
- ts_k Minima durata di permanenza nello stato "fuori servizio" per l'unità termica k.
- δ_k^+ Massimo incremento di potenza tra due ore contigue per l'unità termica k.
- δ_k^- Massimo decremento di potenza tra due ore contigue per l'unità termica k.
- vsu_k Massima potenza producibile nell'ora in cui l'unità k entra in servizio: è anche detto *valore di start-up* ed è tale che $\underline{p}_k \leq vsu_k < \overline{p}_k$.
- vsd_k Massima potenza producibile nell'ora che precede quella in cui l'unità k viene spenta: è anche detto *valore di shut-down* ed è tale che $\underline{p}_k \leq vsd_k < \overline{p}_k$.

È necessario inoltre disporre dei valori dei seguenti parametri, che collegano il periodo in programmazione a quello precedente:

- γ_{k0} Stato dell'unità termica k nell'ultima ora che precede il periodo attualmente in corso di programmazione (in servizio se $\gamma_{k0} = 1$, fuori servizio se $\gamma_{k0} = 0$).
- p_{k0} Potenza prodotta dall'unità termica k nell'ultima ora che precede il periodo attualmente in corso di programmazione.
- nh_k Numero di ore intercorse tra l'ultimo cambio di stato dell'unità k, avvenuto nel precedente periodo, e l'inizio del periodo attualmente in corso di programmazione.

Per ogni unità termica si devono determinare lo stato (in servizio o fuori servizio) e la potenza generata in ogni ora del periodo di programmazione. Si definiscono quindi le seguenti variabili decisionali:

- p_{kt} Potenza generata dall'unità termica k nell'ora t.
- γ_{kt} Variabile binaria che assume valore 1 per indicare che l'unità termica k è in servizio nell'ora t, 0 altrimenti.
- α_{kt} Variabile binaria che assume valore 1 per indicare l'entrata in servizio dell'unità termica k nell'ora t.
- β_{kt} Variabile binaria che assume valore 1 per indicare lo spegnimento dell'unità termica k nell'ora t.

Vincoli

I valori assunti dalle variabili decisionali devono soddisfare le seguenti condizioni:

- Vincoli di continuità tra periodi contigui.
  Se l'unità termica k è in servizio nell'ultima ora del precedente periodo, deve essere in servizio almeno nelle prime $ta_k - nh_k$ ore dell'attuale periodo di programmazione. Formalmente:

$$\gamma_{k0} = 1 \quad \Longrightarrow \quad \gamma_{kt} = 1 \quad 1 \leq t \leq ta_k - nh_k. \tag{7.6}$$

Se l'unità termica k è fuori servizio nell'ultima ora del precedente periodo, deve essere in servizio almeno nelle prime $ts_k - nh_k$ ore dell'attuale periodo di programmazione:

$$\gamma_{k0} = 0 \quad \Longrightarrow \quad \gamma_{kt} = 0 \quad 1 \leq t \leq ts_k - nh_k. \tag{7.7}$$

Le condizioni (7.6) e (7.7) danno origine a semplici vincoli di assegnamento.

- Vincoli sulla potenza generata in ogni ora.
  Se l'unità termica k è in servizio nell'ora t, la produzione oraria p_{kt} deve essere compresa tra la minima e la massima potenza oraria producibile:

$$\gamma_{kt} = 1 \quad \Longrightarrow \quad \underline{p}_k \leq p_{kt} \leq \overline{p}_k. \tag{7.8}$$

Se l'unità k è fuori servizio nell'ora t, la produzione oraria p_{kt} deve essere nulla:

$$\gamma_{kt} = 0 \quad \Longrightarrow \quad p_{kt} = 0. \tag{7.9}$$

Per ogni unità termica $k \in K$ e per ogni ora $t \in T$ le condizioni (7.8) e (7.9) sono espresse dalle equazioni:

$$\gamma_{kt} \cdot \underline{p}_k \leq p_{kt} \leq \gamma_{kt} \cdot \overline{p}_k. \tag{7.10}$$

7.2 Vincoli per la programmazione degli impianti termoelettrici

- Vincoli di legame tra stati di servizio contigui.
  Se l'unità termica k è in servizio nell'ora t e fuori servizio nell'ora $t-1$, nell'ora t viene effettuata una manovra di accensione:

$$(\gamma_{kt} = 1 \land \gamma_{k,t-1} = 0) \implies (\alpha_{kt} = 1 \land \beta_{kt} = 0); \quad (7.11)$$

se l'unità termica k è fuori servizio nell'ora $t-1$ e in servizio nell'ora t, nell'ora t viene effettuata una manovra di spegnimento:

$$(\gamma_{kt} = 0 \land \gamma_{k,t-1} = 1) \implies (\alpha_{kt} = 0 \land \beta_{kt} = 1); \quad (7.12)$$

se sull'unità termica k non si effettuano manovre nell'ora t, lo stato nell'ora t coincide con lo stato nell'ora $t-1$:

$$(\alpha_{kt} = 0 \land \beta_{kt} = 0) \implies (\gamma_{kt} = \gamma_{k,t-1} = 0 \lor \gamma_{kt} = \gamma_{k,t-1} = 1). \quad (7.13)$$

Per ogni unità $k \in K$ e ogni ora $t \in T$ le condizioni (7.11), (7.12) e (7.13) sono espresse dalle equazioni:

$$\gamma_{kt} - \gamma_{k,t-1} = \alpha_{kt} - \beta_{kt}. \quad (7.14)$$

- Vincoli di minima permanenza in servizio e di minima permanenza fuori servizio.
  Se l'unità termica k entra in servizio nell'ora t, deve rimanere in servizio per almeno ta_k ore, ossia dall'ora t all'ora $t+ta_k-1$. Tali ore sono comprese nel periodo in programmazione, se $t+ta_k-1 \leq |T|$, altrimenti si suddividono in due gruppi: le ore fino alla $|T|$-esima sono comprese nel periodo in programmazione, le restanti appartengono al successivo periodo e non sono oggetto dell'attuale programmazione. Sulle ore appartenenti al successivo periodo di programmazione il vincolo di minima permanenza in servizio sarà posto mediante gli assegnamenti di inizio periodo, effettuati sulla base dei valori dei parametri γ_{k0}, p_{k0} e nh_k. Pertanto, le condizioni da modellare nell'attuale periodo sono, per ogni k e per ogni t:

$$\alpha_{kt} = 1 \implies \gamma_{k\tau} = 1, \quad t \leq \tau \leq min(t+ta_k-1, |T|). \quad (7.15)$$

Le condizioni (7.15) per $t+1 \leq \tau \leq min(t+ta_k-1, |T|)$: vengono espresse mediante le disequazioni:

$$\sum_{\tau=t+1}^{min(t+ta_k-1,|T|)} \gamma_{k\tau} \geq min(ta_k - 1, |T| - t) \cdot \alpha_{kt}. \quad (7.16)$$

Infatti, se $\alpha_{kt} = 1$, il vincolo (7.16) diviene:

$$\sum_{\tau=t+1}^{min(t+ta_k-1,|T|)} \gamma_{k\tau} \geq min(ta_k - 1, |T| - t) \quad (7.17)$$

ed è soddisfatto dai valori $\gamma_{k\tau} = 1$, per $t + 1 \leq \tau \leq \min(ta_k - 1, |T| - t)$; se $\alpha_{kt} = 0$, il vincolo (7.16) è soddisfatto da qualunque valore sia assunto dalle variabili binarie, ossia diviene un vincolo ridondante. In base a considerazioni analoghe a quelle esposte per i vincoli di minima permanenza in servizio, si giunge ai vincoli di minima permanenza fuori servizio, da porre per $k \in K$ e per $t \in T$:

$$\sum_{\tau=t+1}^{\min(t+ts_k-1,|T|)} \gamma_{k\tau} \leq \min(ts_k - 1, |T| - t) \cdot (1 - \beta_{kt}). \tag{7.18}$$

Infatti, se $\beta_{kt} = 1$, il vincolo (7.18) diviene:

$$\sum_{\tau=t+1}^{\min(t+ts_k-1,|T|)} \gamma_{k\tau} \leq 0 \tag{7.19}$$

ed è soddisfatto dai valori $\gamma_{k\tau} = 0$, per $t + 1 \leq \tau \leq \min(ts_k - 1, |T| - t)$; se $\beta_{kt} = 0$, il vincolo (7.18) è soddisfatto da qualunque valore sia assunto dalle variabili binarie, ossia diviene un vincolo ridondante.

Per quanto riguarda infine l'introduzione nel modello delle condizioni:

$$\alpha_{kt} = 1 \implies \gamma_{kt} = 1, \tag{7.20}$$

$$\beta_{kt} = 1 \implies \gamma_{kt} = 0, \tag{7.21}$$

si osserva quanto segue. Quando gli stati di servizio in ore contigue coincidono, ossia quando $\gamma_{kt} = \gamma_{k,t-1} = 0$ oppure $\gamma_{kt} = \gamma_{k,t-1} = 1$, l'uguaglianza (7.14) è soddisfatta anche dai valori $\alpha_{kt} = \beta_{kt} = 1$, i quali segnalano la contemporanea effettuazione nell'ora t di una manovra di accensione e di una manovra di spegnimento sull'unità k. Però, se $\alpha_{kt} = 1$, in forza del vincolo (7.16), l'unità deve essere in servizio per un certo numero di ore a partire dalla $(t + 1)$-esima, mentre se $\beta_{kt} = 1$, in forza del vincolo (7.18), l'unità deve essere fuori servizio per un certo numero di ore a partire dalla $(t + 1)$-esima. Quindi nessuna soluzione ammissibile può avere $\alpha_{kt} = \beta_{kt} = 1$ e le condizioni (7.20) e (7.21) sono modellizzate dai vincoli (7.14).

- Vincoli sulle variazioni in aumento della potenza generata in ore contigue. Se l'unità k entra in servizio nell'ora t, la produzione oraria dell'ora t non può superare il valore di *start-up*:

$$\alpha_{kt} = 1 \implies \underline{p}_k \leq p_{kt} \leq vsu_k < \overline{p}_k. \tag{7.22}$$

Se l'unità k è in servizio nell'ora $t-1$ con produzione oraria $p_{k,t-1}$ e nell'ora t con produzione oraria $p_{kt} \geq p_{k,t-1}$, la variazione di produzione tra le due ore non supera la massima variazione in aumento δ_k^+:

$$(\gamma_{k,t-1} = \gamma_{kt} = 1 \ \wedge \ p_{k,t-1} < p_{kt}) \implies (p_{kt} - p_{k,t-1} \leq \delta_k^+). \tag{7.23}$$

Le condizioni (7.22) e (7.23) sono espresse dai vincoli:

$$p_{kt} - p_{k,t-1} \leq \delta_k^+ + \left(vsu_k - \delta_k^+\right) \cdot \alpha_{kt} \qquad k \in K,\, t \in T. \tag{7.24}$$

- Vincoli sulle variazioni in diminuzione della potenza generata in ore contigue.
  Se l'unità k viene spenta nell'ora t, la produzione oraria dell'ora che precede lo spegnimento non può superare il valore di *shut-down*:

$$\beta_{kt} = 1 \implies \underline{p}_k \leq p_{k,t-1} \leq vsd_k < \overline{p}_k. \tag{7.25}$$

Se l'unità k è in servizio nell'ora $t-1$ con produzione oraria $p_{k,t-1}$ e nell'ora t con produzione oraria $p_{kt} \leq p_{k,t-1}$, la variazione di produzione tra le due ore non supera la massima variazione in diminuzione δ_k^-:

$$(\gamma_{k,t-1} = \gamma_{kt} = 1 \,\wedge\, p_{k,t-1} > p_{kt}) \implies \left(p_{kt} - p_{k,t-1} \leq \delta_k^-\right). \tag{7.26}$$

Le condizioni (7.25) e (7.26) sono espresse dai vincoli:

$$p_{k,t-1} - p_{kt} \leq \delta_k^- + \left(vsd_k - \delta_k^-\right) \cdot \beta_{kt} \qquad k \in K,\, t \in T. \tag{7.27}$$

7.3 Programmazione settimanale delle risorse idrotermoelettriche per un produttore *price taker*

L'attività di programmazione di breve periodo consiste nell'individuare, su un orizzonte settimanale e con discretizzazione oraria, le unità termiche in servizio in ogni ora (detto problema dello *Unit Commitment*) e nel determinare la produzione oraria delle unità termiche in servizio e degli impianti idroelettrici (detto problema del dispacciamento). Nel programmare la gestione settimanale del parco di produzione idrotermoelettrico, il produttore deve tenere conto della disponibilità delle risorse idriche per ogni settimana dell'anno, definita dai piani ottimali di utilizzo ottenuti con la programmazione di medio periodo.

Il problema della programmazione settimanale della produzione può essere formulato come un problema di ottimizzazione in cui il profitto settimanale è massimizzato, soddisfacendo i vincoli tecnici di funzionamento del parco idrotermoelettrico e i vincoli di mercato. I ricavi sono calcolati valorizzando l'energia venduta ai prezzi orari di mercato; i costi considerati sono quelli relativi al consumo di combustibile e alle manovre di accensione e spegnimento delle unità termiche.

In questo paragrafo facciamo riferimento ad un produttore di energia elettrica che non è in grado, con le proprie decisioni di produzione, di influenzare il prezzo orario di mercato dell'elettricità. I vincoli di mercato esprimono il bilancio orario tra impieghi e fonti di energia elettrica. Gli impieghi sono costituiti dalle consegne di energia elettrica ai clienti sulla base dei contratti bilaterali e dal consumo di energia elettrica per il pompaggio. Le fonti sono le produzioni complessive dei sistemi idroelettrico e termoelettrico. Nelle ore in cui le fonti superano gli impieghi, il produttore vende l'eccedenza sul mercato spot, al prezzo orario di vendita determinato dal Gestore del Mercato; nelle ore in cui gli impieghi superano le fonti, il produttore deve acquistare la differenza sul mercato spot ad un prezzo di acquisto che comprende anche i costi di transazione. La funzione obiettivo rappresenta i profitti da massimizzare: l'energia elettrica è valorizzata ai prezzi di mercato, che sono parametri esogeni del modello.

Parametri e variabili

Per la modellazione dei vincoli di bilancio e della funzione obiettivo si definiscono i seguenti parametri:

- l_t Quantità di energia elettrica da consegnare ai clienti nell'ora t sulla base dei contratti bilaterali.
- λ_t Prezzo di vendita dell'ora t sul mercato spot.
- μ_t Prezzo di acquisto dell'ora t sul mercato spot.
- g_{0k}, g_{1k}, g_{2k} Coefficienti della funzione quadratica che esprime il consumo di combustibile in dipendenza della potenza prodotta dall'unità k.

Si definiscono inoltre le seguenti variabili decisionali reali non negative:

- $sell_t$ Quantità di energia elettrica venduta sul mercato spot nell'ora t.
- buy_t Quantità di energia elettrica acquistata sul mercato spot nell'ora t.

Vincoli

Il vincolo di bilancio per ogni ora t del periodo di programmazione è espresso dall'equazione:

$$\sum_{i \in I \; k_i > 0} k_i \cdot q_{it} + \sum_{k \in K} p_{kt} + buy_t = l_t + sell_t + \sum_{i \in I \; k_i < 0} |k_i| \cdot q_{it}, \qquad (7.28)$$

con:
$$buy_t \geq 0 \qquad e \; sell_t \geq 0. \qquad (7.29)$$

La funzione obiettivo si compone di quattro termini:

- I ricavi totali dalla vendita di energia elettrica sul mercato spot:

$$\sum_{t \in T} \lambda_t \cdot sell_t \; . \qquad (7.30)$$

7.3 Programmazione settimanale per *price taker*

- I costi totali per l'acquisto di energia elettrica sul mercato spot:

$$\sum_{t \in T} \mu_t \cdot buy_t \ . \tag{7.31}$$

- I costi totali di accensione e spegnimento delle unità termiche:

$$\sum_{k \in K} \left(csu_k \cdot \sum_{t \in T} \alpha_{kt} + csd_k \cdot \sum_{t \in T} \beta_{kt} \right). \tag{7.32}$$

- I costi totali di combustibile:

$$\sum_{k \in K} \left(g_{0k} \cdot \sum_{t \in T} \gamma_{kt} + g_{1k} \cdot \sum_{t \in T} p_{kt} + g_{2k} \cdot \sum_{t \in T} p_{kt}^2 \right), \tag{7.33}$$

dove il costo di combustibile della singola unità termica k è espresso dalla funzione:

$$G_{kt}(p_{kt}) = \begin{cases} g_{0k} + g_{1k} \cdot p_{kt} + g_{2k} \cdot p_{kt}^2 & \text{se } \gamma_{kt} = 1 \\ 0 & \text{se } \gamma_{kt} = 0 \end{cases} \tag{7.34}$$

che può essere equivalentemente espressa nella forma:

$$G_k(p_{kt}) = g_{0k} \cdot \gamma_{kt} + g_{1k} \cdot p_{kt} + g_{2k} \cdot p_{kt}^2. \tag{7.35}$$

Sull'intervallo $\underline{p}_k \leq p_{kt} \leq \overline{p}_k$ la funzione quadratica $G_k(p_{kt})$ è tipicamente convessa crescente.

Approssimando le funzioni quadratiche (7.35) dei costi di combustibile con funzioni lineari a tratti, si ottiene un modello di programmazione lineare mista intera, la cui soluzione è più semplice di quella di un modello di programmazione quadratica mista intera. Tale approssimazione è ottenuta con la seguente procedura. Per ciascuna unità termica k l'intervallo $\left[\underline{p}_k, \overline{p}_k\right]$ tra il minimo tecnico e la massima potenza producibile è suddiviso in H sotto-intervalli, di ampiezza non necessariamente uguale. Denotiamo con $\overline{pl}_{kh}$ l'ampiezza dell'intervallo h, $1 \leq h \leq H$. Tale suddivisione in intervalli definisce gli $H+1$ punti $\hat{p}_{kth}$, $0 \leq h \leq H$, dove $\hat{p}_{kt0} = \underline{p}_k$, $\hat{p}_{kth}$ è l'estremo destro del sotto-intervallo h, $1 \leq h \leq H$, con $\hat{p}_{ktH} = \overline{p}_k$. La funzione quadratica sull'h-esimo sotto-intervallo viene approssimata dal segmento di retta passante per i punti $(\hat{p}_{kt,h-1}, G_k(\hat{p}_{kt,h-1}))$ e $(\hat{p}_{kth}, G_k(\hat{p}_{kth}))$, avente coefficiente angolare:

$$m_{kh} = \frac{G_k(\hat{p}_{kth}) - G_k(\hat{p}_{kt,h-1})}{\hat{p}_{kth} - \hat{p}_{kt,h-1}}. \tag{7.36}$$

Poiché la funzione $G_k(p_{k,t})$ è crescente sull'intervallo $\left[\underline{p}_k, \overline{p}_k\right]$, le pendenze dei tratti lineari che compongono la funzione approssimante soddisfano le relazioni:

$$m_{kh} < m_{k,h+1}, \quad \text{per} \quad 1 \leq h \leq H-1. \tag{7.37}$$

Per calcolare il costo di combustibile corrispondente al livello di produzione p_{kt} nella funzione lineare a tratti, si associa una variabile decisionale reale pl_{kth} ad ogni sotto-intervallo h, $1 \leq h \leq H$ e si introducono i vincoli:

$$0 \leq pl_{kth} \leq \overline{pl}_{kh} \qquad k \in K,\, t \in T,\, h \in H, \tag{7.38}$$

$$p_{kt} = \underline{p}_k \cdot \gamma_{kt} + \sum_{h=1}^{H} pl_{kth} \qquad k \in K,\, t \in T. \tag{7.39}$$

I vincoli (7.38) richiedono che ciascuna variabile pl_{kth}, $1 \leq h \leq H$, assuma valori non negativi e non maggiori dell'ampiezza del sotto-intervallo h cui è associata. I vincoli (7.39) implicano che $\gamma_{kt} = 0$ e $pl_{kth} = 0$, per $1 \leq h \leq H$, se $p_{kt} = 0$. Il costo di combustibile corrispondente alla produzione p_{kt} viene calcolato mediante la funzione:

$$G_{kt}^{lin} = \left(g_{0k} + g_{1k} \cdot \underline{p}_k + g_{2k} \cdot \underline{p}_k^2 \right) \cdot \gamma_{kt} + \sum_{h=1}^{H} m_{kh} \cdot pl_{kth}. \tag{7.40}$$

Sia infatti $p_{kt} \in \left[\hat{p}_{kt,\hat{h}-1}, \hat{p}_{kt\hat{h}} \right]$, per un qualche $\hat{h}$, $1 \leq \hat{h} \leq H$: per effetto della relazione (7.37) tra pendenze di tratti contigui, i vincoli (7.38) e (7.39) assegnano alle variabili pl_{kth} i valori:

$$pl_{kth} = \begin{cases} \overline{pl}_{kh} & \text{per } 1 \leq h \leq \hat{h}-1 \\ p_{kt} - \overline{pl}_{k,\hat{h}-1} & \text{per } h = \hat{h} \\ 0 & \text{per } \hat{h}+1 \leq h \leq H \end{cases}, \tag{7.41}$$

con i quali si ottiene, mediante la funzione lineare a tratti, il costo approssimato del combustibile, pari a:

$$g_{0k} + g_{1k} \cdot \underline{p}_k + g_{2k} \cdot \underline{p}_k^2 + \sum_{h=1}^{\hat{h}-1} \left(m_{kh} \cdot \overline{pl}_{kh} \right) + m_{k,\hat{h}} \cdot \left(p_{kt} - \overline{pl}_{k,\hat{h}-1} \right). \tag{7.42}$$

Si noti che, a causa delle relazioni (7.37), qualunque altra scomposizione di p_{kt} nella somma di al più H addendi, che soddisfi i vincoli (7.38) e (7.39), corrisponde ad un costo maggiore di quello ottenuto calcolando l'espressione (7.42): poiché una scomposizione diversa dalla (7.41) produce una soluzione subottimale, l'unica scomposizione utilizzata nella soluzione ottima è la (7.41).

Riassumendo, il modello di programmazione lineare mista intera per la programmazione di breve periodo di un sistema idrotermoelettrico di un produttore *price taker* determina i valori delle variabili decisionali reali, $q_{i,t}$, $v_{j,t}$, $p_{k,t}$ e $pl_{k,t,h}$, e delle variabili decisionali binarie, $\alpha_{k,t}$, $\beta_{k,t}$ e $\gamma_{k,t}$, in modo da massimizzare la seguente funzione obiettivo:

$$\max \sum_{t \in T}(\lambda_t \cdot sell_t) - \sum_{t \in T}(\mu_t \cdot buy_t) - \sum_{k \in K}\left(csu_k \cdot \sum_{t \in T}\alpha_{k,t} + csd_k \cdot \sum_{t \in T}\beta_{k,t}\right) +$$
$$- \sum_{k \in K}\sum_{t \in T}\left[\left(g_{0k} + g_{1k} \cdot \underline{p}_k + g_{2k} \cdot \underline{p}_k^2\right) \cdot \gamma_{k,t} + \sum_{h=1}^{H} m_{k,h} \cdot pl_{k,t,h}\right].$$
(7.43)

Il funzionamento del sistema idroelettrico è descritto dai vincoli (7.1)-(7.4), dove i parametri v_{j0} e $v_{j|T|}$ in (7.3) assumono i valori ottimali determinati dalla programmazione annuale per la settimana in considerazione. Il funzionamento del sistema termoelettrico è descritto dai vincoli (7.6), (7.7), (7.10), (7.14), (7.16), (7.18), (7.24), (7.27), (7.38) e (7.39). I vincoli di mercato sono infine (7.28) e (7.29).

7.4 Programmazione settimanale delle risorse idrotermoelettriche per un produttore *price maker*

In questo paragrafo si suppone che il produttore di energia elettrica disponga di stime sufficientemente accurate sia del carico orario dell'intero sistema che delle offerte di vendita presentate dai produttori concorrenti. Sotto questa ipotesi il modello di programmazione di breve periodo delle unità di produzione, discusso nel precedente paragrafo, può essere modificato per tenere conto della dipendenza del prezzo orario dell'energia elettrica dalle decisioni adottate dal produttore in merito alla programmazione dei propri impianti.

Il prezzo orario dell'energia elettrica, che nel precedente modello era un parametro esogeno, diviene una variabile endogena del nuovo modello. Nel determinare le quantità da produrre per la massimizzazione del profitto, sarà così possibile tenere conto dell'impatto delle decisioni di produzione sul livello del prezzo dell'energia elettrica, da cui dipende l'entità dei ricavi di vendita. Il nuovo modello consente quindi al produttore di utilizzare il proprio potere di mercato per la massimizzazione dei profitti.

Per ogni ora t il modello deve determinare come ripartire il carico orario del sistema tra il produttore *price maker* e i suoi concorrenti: ciò è espresso dai vincoli:

$$\sum_{i \in I}(k_i \cdot q_{it}) + \sum_{k \in K} p_{kt} + \Pi_t = L_t \qquad t \in T \qquad (7.44)$$

e

$$\Pi_t \geq 0 \qquad t \in T, \qquad (7.45)$$

dove L_t è il parametro che rappresenta il carico del sistema nell'ora t, la somma dei primi due termini a primo membro rappresenta la produzione totale oraria

7 Programmazione della produzione di energia elettrica

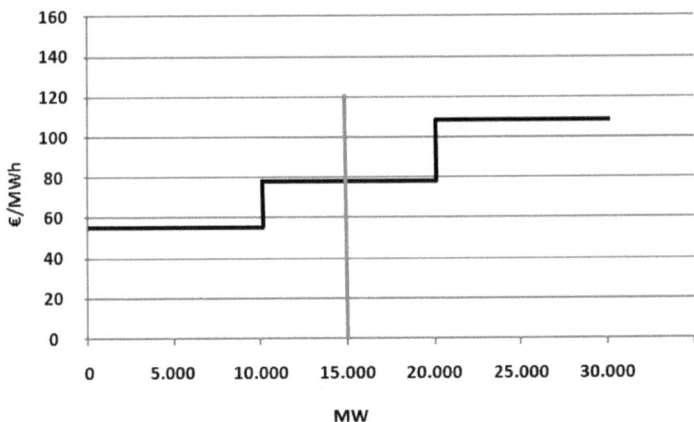

Fig. 7.1. Curva di offerta aggregata dei concorrenti (in nero) e carico residuo (in grigio)

del *price maker* e Π_t è la variabile decisionale che rappresenta la parte di carico del sistema soddisfatta dai concorrenti, detta *carico residuo*.

Le offerte di vendita sono coppie quantità-prezzo $(\overline{Q}_{st}; B_{st})$, $1 \leq s \leq S_t$, dove S_t denota il numero di offerte di vendita presentate dai concorrenti nell'ora t, s è l'indice dell'offerta, $\overline{Q}_{st}$ denota la quantità massima di energia offerta e B_{st} denota il minimo prezzo al quale il produttore è disposto a vendere la quantità $\overline{Q}_{st}$. Le offerte di vendita sono ordinate in ordine di prezzo crescente (detto *ordine di merito*), cioè $B_{st} \leq B_{s+1,t}$ con $1 \leq s \leq S_t - 1$.

La funzione di offerta aggregata dei concorrenti nell'ora t è una funzione lineare a tratti, con S_t segmenti orizzontali e $S_t - 1$ segmenti verticali, dove il segmento verticale s ha lunghezza nulla se $B_{st} = B_{s+1,t}$.

La rappresentazione matematica della funzione di offerta aggregata dei concorrenti nell'ora t è ottenuta definendo nel piano $(Q; P)$ i punti $(R^Q_{pt}; R^P_{pt})$, con $1 \leq p \leq P_t = 2 \cdot S_t$. Per $1 \leq s \leq S_t$ si ha:

$$R^P_{pt} = B_{st} \quad \text{e} \quad R^Q_{pt} = \sum_{\sigma=1}^{s-1} \overline{Q}_{\sigma t} \quad (\text{con } R^Q_{1t} = 0) \qquad \text{se } p = 2 \cdot s - 1 \quad (7.46)$$

e

$$R^P_{pt} = B_{st} \quad \text{e} \quad R^Q_{pt} = \sum_{\sigma=1}^{s} \overline{Q}_{\sigma t} \qquad \text{se } p = 2 \cdot s. \quad (7.47)$$

Si definiscono, inoltre, le variabili decisionali reali η_{pt}, $1 \leq p \leq P_t$, che costituiscono un insieme ordinato nel quale al più due variabili adiacenti possono assumere contemporaneamente valore non nullo. Tale insieme è detto *insieme ordinato speciale di tipo 2* (o *Special Ordered Set of type 2*, da cui l'acronimo *SOS2*). Le variabili η_{pt} devono soddisfare i vincoli di *bound*:

$$0 \leq \eta_{pt} \leq 1 \qquad 1 \leq p \leq P_t, \qquad t \in T \quad (7.48)$$

7.4 Programmazione settimanale per *price maker*

e i vincoli di convessità:

$$\sum_{p=1}^{P_t} \eta_{pt} = 1 \qquad t \in T. \tag{7.49}$$

Un generico punto $(\Pi_t; \Lambda_t)$ della funzione di offerta aggregata dei concorrenti è rappresentato dalla combinazione lineare convessa dei punti $(R_{pt}^Q; R_{pt}^P)$, $1 \leq p \leq P_t$, dove i coefficienti della combinazione sono le variabili decisionali η_{pt}. Per esempio, supponiamo che nell'ora t i concorrenti presentino tre offerte di vendita di 10.000 MW ciascuna, di cui la prima a 51,39 $Euro/MWh$, la seconda a 81,39 $Euro/MWh$ e la terza a 111,39 $Euro/MWh$. La rappresentazione matematica della funzione di offerta aggregata dei concorrenti nell'ora t (Fig. 7.1) è ottenuta definendo nel piano $(Q; P)$ i punti $(R_{1t}^Q; R_{1t}^P) = (0; 51, 39)$, $(R_{2t}^Q; R_{2t}^P) = (10.000; 51, 39)$, $(R_{3t}^Q; R_{3t}^P) = (10.000; 81, 39)$, $(R_{4t}^Q; R_{4t}^P) = (20.000; 81, 39)$, $(R_{5t}^Q; R_{5t}^P) = (20.000; 111, 39)$ e $(R_{6t}^Q; R_{6t}^P) = (30.000; 111, 39)$. Il punto della funzione di offerta aggregata dei concorrenti corrispondente a $\Pi_t = 15.000$ e $\Lambda_t = 81,39$ è individuato dai coefficienti di combinazione $\eta_{1t} = \eta_{2t} = \eta_{5t} = \eta_{6t} = 0$ e $\eta_{3t} = \eta_{4t} = 0,5$.

I ricavi del produttore *price maker* nell'ora t sono quindi espressi dal prodotto:

$$(L_t - \Pi_t) \cdot \Lambda_t, \tag{7.50}$$

dove il primo fattore rappresenta la quantità totale prodotta dal *price maker* e Λ_t è il prezzo endogenamente determinato, ossia l'ordinata del punto di intersezione tra la funzione di offerta aggregata dei concorrenti e la linea verticale di ascissa Π_t. Affinché il prezzo effettivamente determinato sul mercato coincida con quello previsto dal modello, è sufficiente che il produttore *price maker* offra la propria produzione ad un prezzo inferiore al prezzo di equilibrio Λ_t determinato dal modello.

I ricavi del *price maker* nell'ora t in termini delle variabili decisionali η_{pt}, $1 \leq p \leq P_t$, sono rappresentati dall'espressione:

$$\Lambda_t \cdot (L_t - \Pi_t) = \sum_{p=1}^{P_t} R_{pt}^P \cdot (L_t - R_{pt}^Q) \cdot \eta_{pt}. \tag{7.51}$$

Infatti, supponiamo che la retta verticale che rappresenta il carico residuo intersechi il segmento $\hat{p}$-esimo della curva di offerta aggregata dei concorrenti: nell'insieme $SOS2$ di variabili η_{pt}, $1 \leq p \leq P_t$, le variabili non nulle sono quindi $\eta_{\hat{p}t}$ e $\eta_{\hat{p}+1,t}$, $1 \leq \hat{p} \leq P_t - 1$.

Se $\hat{p}$ è dispari, il segmento $\hat{p}$-esimo è orizzontale e le coordinate del punto di intersezione sono:

$$\Lambda_t = R_{\hat{p}t}^P = R_{\hat{p}+1,t}^P$$

$$\Pi_t = R_{\hat{p}t}^Q \cdot \eta_{\hat{p}t} + R_{\hat{p}+1,t}^Q \cdot \eta_{\hat{p}+1,t}, \tag{7.52}$$

116   7 Programmazione della produzione di energia elettrica

da cui, essendo $\eta_{\hat{p}t} + \eta_{\hat{p}+1,t} = 1$, segue che:

$$L_t - \Pi_t = \left(L_t - R^Q_{\hat{p}t}\right) \cdot \eta_{\hat{p}t} + \left(L_t - R^Q_{\hat{p}+1,t}\right) \cdot \eta_{\hat{p}+1,t}$$

e quindi:

$$\Lambda_t \cdot (L_t - \Pi_t) = R^P_{\hat{p}t} \cdot \left(L_t - R^Q_{\hat{p}t}\right) \cdot \eta_{\hat{p}t} + R^P_{\hat{p}+1,t} \cdot \left(L_t - R^Q_{\hat{p}+1,t}\right) \cdot \eta_{\hat{p}+1,t}.$$

Se $\hat{p}$ è pari, il segmento $\hat{p}$-esimo è verticale e le coordinate del punto di intersezione sono:

$$\Lambda_t = R^P_{\hat{p}t} \cdot \eta_{\hat{p}t} + R^P_{\hat{p}+1,t} \cdot \eta_{\hat{p}+1,t}$$

$$\Pi_t = R^Q_{\hat{p}t} = R^Q_{\hat{p}+1,t}, \tag{7.53}$$

da cui segue:

$$L_t - \Pi_t = L_t - R^Q_{\hat{p}t} = L_t - R^Q_{\hat{p}+1,t}$$

e quindi:

$$\Lambda_t \cdot (L_t - \Pi_t) = R^P_{\hat{p}t} \cdot \left(L_t - R^Q_{\hat{p}t}\right) \cdot \eta_{\hat{p}t} + R^P_{\hat{p}+1,t} \cdot \left(L_t - R^Q_{\hat{p}+1,t}\right) \cdot \eta_{\hat{p}+1,t}.$$

I ricavi del produttore *price maker* nell'ora t sono quindi rappresentati dall'espressione:

$$\sum_{p=1}^{P_t} R^P_{pt} \cdot (L_t - R^Q_{pt}) \cdot \eta_{pt}. \tag{7.54}$$

Riassumendo, il modello di programmazione lineare mista intera per la programmazione di breve periodo di un sistema idrotermoelettrico di un produttore *price maker* determina i valori delle variabili decisionali reali, $q_{i,t}$, $v_{j,t}$, $p_{k,t}$, $pl_{k,t,h}$, delle variabili SOS2 $\eta_{p,t}$ e delle variabili decisionali binarie, $\alpha_{k,t}$, $\beta_{k,t}$ e $\gamma_{k,t}$, in modo da massimizzare il profitto totale del periodo di programmazione:

$$\max \sum_{t \in T} \left[\sum_{p=1}^{P_t} R^P_{p,t} \cdot (L_t - R^Q_{p,t}) \cdot \eta_{p,t}\right] - \sum_{k \in K} \left(csu_k \cdot \sum_{t \in T} \alpha_{k,t} + csd_k \cdot \sum_{t \in T} \beta_{k,t}\right) +$$

$$- \sum_{k \in K} \left[\left(g_{0k} + g_{1k} \cdot \underline{p}_k + g_{2k} \cdot \underline{p}_k^2\right) \cdot \gamma_{k,t} + \sum_{h=1}^{H} m_{k,h} \cdot pl_{k,t,h}\right].$$

$$\tag{7.55}$$

Il funzionamento del sistema idroelettrico è descritto dai vincoli (7.1)-(7.4), dove i parametri v_{j0} e $v_{j|T|}$ in (7.3) assumono i valori ottimali determinati dalla programmazione annuale per la settimana in considerazione. Il funzionamento del sistema termoelettrico è descritto dai vincoli (7.6), (7.7), (7.10), (7.14), (7.16), (7.18), (7.24), (7.27), (7.38) e (7.39). I vincoli di mercato sono (7.44) e (7.45); i vincoli per la determinazione endogena dei prezzi sono (7.48) e (7.49).

7.5 Coordinamento della produzione giornaliera di impianti idroelettrici ed eolici

In questo paragrafo consideriamo il problema della programmazione giornaliera di un sistema di produzione costituito da impianti eolici e da impianti idroelettrici con pompaggio. Si suppone che il produttore debba soddisfare un carico orario, derivante dai contratti bilaterali con i clienti, potendo acquistare e vendere energia elettrica sul mercato se la propria produzione oraria è rispettivamente insufficiente o in eccesso rispetto al carico da soddisfare.

La produzione eolica dipende dalla velocità del vento e non è quindi programmabile. Il coordinamento con impianti idroelettrici con pompaggio consente sia di poter integrare la produzione eolica, se insufficiente a soddisfare il carico orario, sia di utilizzare l'energia eolica prodotta in eccesso per pompare acqua verso i bacini a monte, accumulando così energia potenziale, disponibile per l'utilizzo in periodi successivi.

L'orizzonte considerato è giornaliero, avendo le previsioni meteorologiche una validità di 24-36 ore. In dipendenza della previsione di produzione eolica oraria, il modello determina i flussi orari di acqua per generazione, pompaggio e sfioro, i livelli di acqua in ciascuna vasca alla fine di ogni ora e la quantità di energia elettrica venduta o acquistata sul mercato, con l'obiettivo di massimizzare il profitto giornaliero. In particolare, nelle ore in cui vi sia eccesso di produzione rispetto alla domanda, il modello determina se sia più conveniente, al fine della massimizzazione del profitto, vendere l'energia in eccesso oppure utilizzarla per il pompaggio, in modo da poter produrre e vendere energia in un'ora successiva, in cui il prezzo di vendita sia maggiore.

Per rappresentare esplicitamente l'incertezza della produzione eolica oraria futura si utilizza un modello di programmazione stocastica. Il periodo di programmazione è suddiviso in S stadi e T_s denota l'insieme delle ore appartenenti allo stadio s, $1 \leq s \leq S$.

La produzione eolica oraria è rappresentata mediante un *albero di scenari* costituito da un insieme di nodi $\{1, \ldots, n, \ldots, N\}$ e dal puntatore $pred_n$, $2 \leq n \leq N$, che associa ogni nodo n al suo predecessore. Al nodo 1, detto *nodo radice*, sono associati i parametri WP_{t1}, $1 \leq t \leq |T_1|$, che rappresentano la potenza eolica, nota, prodotta nelle ore del primo stadio. Allo stadio s, $2 \leq s \leq S$, l'incertezza della produzione eolica è rappresentata dall'insieme di nodi N_s: a ciascun nodo $n \in N_s$ sono associati i parametri WP_{tn}, con $|T_{s-1}| + 1 \leq t \leq |T_{s-1}| + |T_s|$, e la probabilità p_n che essi si realizzino.

Il numero degli scenari è pari a $|N_S|$, ossia al numero dei nodi che rappresentano l'incertezza nell'ultimo stadio S. Per esempio, l'albero di scenari in Figura 7.2 contiene 40 nodi: il nodo 1 rappresenta la produzione eolica nelle ore del primo stadio, i nodi dell'insieme $N_2 = \{2, 3, 4\}$ rappresentano l'incertezza della produzione eolica nelle ore del secondo stadio, i nodi dell'insieme $N_3 = \{5, 6, 7, 8, 9, 10, 11, 12, 13\}$ rappresentano l'incertezza della produzione eolica nelle ore del terzo stadio e i nodi da 14 a 40, che formano l'insieme N_4, rappresentano l'incertezza della produzione eolica nelle ore del quarto stadio.

118   7 Programmazione della produzione di energia elettrica

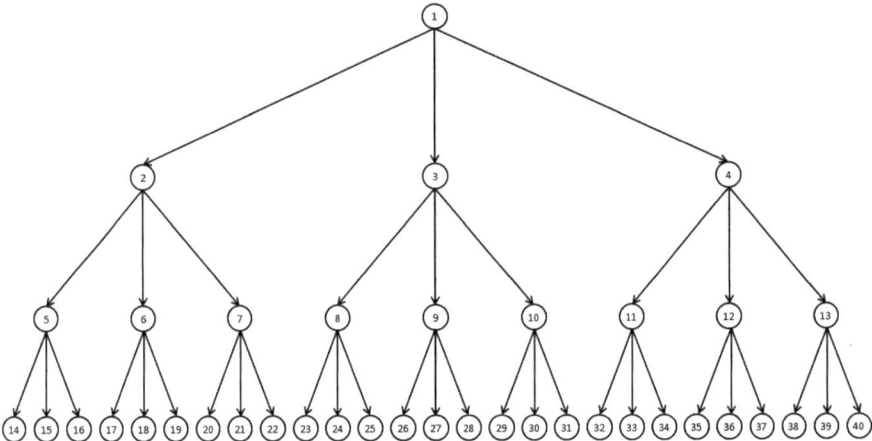

Fig. 7.2. Albero di scenari a 4 stadi per la produzione eolica oraria

Il numero di scenari contenuti nell'albero è pari al numero dei nodi di N_4, ossia 27.

Parametri e variabili

Nel modello stocastico i simboli A_{ij}, k_i, $\overline{q}_i$, $\overline{v}_j$, F_{jt}, v_{j0} e $\underline{v}_{j,|T|}$ sono definiti come nel Paragrafo 7.1 e i simboli l_t, λ_t e μ_t sono definiti come nel Paragrafo 7.3. Le variabili decisionali sono:

- q_{itn} Portata d'acqua nell'arco i nell'ora t del nodo n.
- v_{jtn} Volume d'acqua nel serbatoio j alla fine dell'ora t del nodo n.
- $sell_{tn}$ Quantità di energia elettrica venduta sul mercato spot nell'ora t del nodo n.
- buy_{tn} Quantità di energia elettrica acquistata sul mercato spot nell'ora t del nodo n.

Vincoli

Per ogni ora t in ogni nodo n di ogni stadio s, le variabili decisionali devono soddisfare:

- i vincoli sulle portate di acqua elaborata, pompata e sfiorata:

$$0 \leq q_{itn} \leq \overline{q}_i \qquad i \in I; \tag{7.56}$$

- i vincoli sulla capacità delle vasche:

$$0 \leq v_{jtn} \leq \overline{v}_j \qquad j \in J; \tag{7.57}$$

7.5 Coordinamento di impianti idroelettrici ed eolici

- i vincoli di conservazione di massa nelle vasche:

$$v_{jtn} = v_{j,t-1,\rho} + F_{jt} + \sum_{i \in I} A_{ij} \cdot q_{itn} \qquad j \in J; \qquad (7.58)$$

- i vincoli di mercato:

$$\sum_{i \in I} k_i \cdot q_{itn} + WP_{tn} + buy_{tn} - sell_{tn} = l_t, \qquad (7.59)$$

con

$$buy_{tn} \geq 0, \qquad sell_{tn} \geq 0. \qquad (7.60)$$

Devono inoltre essere soddisfatti i vincoli sull'energia idraulica disponibile alla fine del periodo di programmazione:

$$v_{j|T|n} \geq \underline{v}_{j|T|} \qquad j \in J, \, n \in N_S. \qquad (7.61)$$

Nei vincoli (7.58), che mettono in relazione i volumi di acqua immagazzinati nelle vasche in ore contigue, si ha $\rho = n$ se le ore $t-1$ e t appartengono entrambe allo stesso stadio s; si ha, invece, $\rho = pred_n$ se l'ora $t-1$ appartiene allo stadio $s-1$ e l'ora t appartiene allo stadio s. Si ha, inoltre, $v_{j0\rho} = v_{j0}$.

Tra tutte le soluzioni ammissibili il modello determina una soluzione che massimizza il profitto giornaliero atteso:

$$\sum_{s=1}^{S} \sum_{n \in N_s} \left[p_n \cdot \sum_{t \in T_s} (\lambda_t \cdot sell_{tn} - \mu_t \cdot buy_{tn}) \right]. \qquad (7.62)$$

8
Programmazione della produzione di una microrete di cogenerazione

Negli ultimi decenni si è assistito ad un rapido sviluppo delle tecnologie per la produzione di energia elettrica che, in alternativa alle fonti non rinnovabili rappresentate dai combustibili fossili (carbone, gas naturale, petrolio), impiegano fonti rinnovabili, quali le generazioni solare fotovoltaica, eolica, geotermica e a biomassa. Parallelamente, notevoli progressi sono stati compiuti verso una sempre maggiore efficienza degli impianti di produzione. In particolare gli impianti di cogenerazione di elettricità e calore permettono il recupero del calore prodotto dalla combustione durante la produzione di energia elettrica. Tale calore non viene disperso ma recuperato per altri usi, ottenendo un risparmio di energia primaria, una diminuzione dei costi di produzione di energia e una riduzione delle emissioni di CO_2 a salvaguardia dell'ambiente. Alcuni sistemi di cogenerazione permettono inoltre l'utilizzo di fonti rinnovabili, quali i biocombustibili.

In questo capitolo si considera il problema della programmazione di un impianto di cogenerazione che deve soddisfare le domande di energia elettrica, riscaldamento, acqua calda sanitaria e raffrescamento provenienti da un distretto residenziale. Il sistema di produzione è costituito da cogeneratori, caldaie, pompe di calore e accumulatori termici ed è connesso alla rete elettrica esterna, con la quale scambia energia elettrica sulla base di condizioni definite dalle normative e/o da accordi contrattuali. Un esempio di sistema di cogenerazione è presentato in Figura 8.1.

Il modello di programmazione lineare mista intera introdotto nel Paragrafo 8.1 determina, su un predefinito orizzonte temporale, le produzioni orarie delle unità di cogenerazione, delle caldaie e delle pompe di calore in modo da minimizzare i costi di generazione al netto dei ricavi derivanti dalla vendita di energia elettrica al mercato, tenendo conto sia dei vincoli tecnici dei componenti del sistema che dei profili temporali delle domande e dei prezzi dei combustibili e dell'energia elettrica.

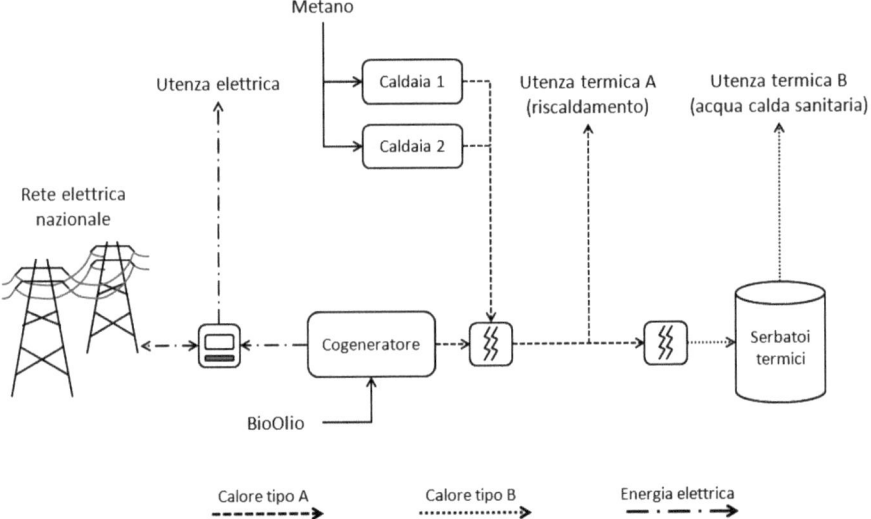

Fig. 8.1. Esempio di schema topologico di un distretto cogenerativo

8.1 Modello per la gestione ottimizzata dell'impianto

Il sistema in considerazione è costituito da cogeneratori, caldaie, pompe di calore e serbatoi termici. Ogni caldaia è caratterizzata dal valore di potenza termica massima producibile e dalla relazione che esprime il consumo di combustibile in funzione della potenza termica prodotta. Ogni cogeneratore è caratterizzato dal minimo tecnico (ossia dalla potenza elettrica minima erogata quando il cogeneratore è acceso), dal valore di potenza elettrica massima producibile, dal numero minimo di ore di mantenimento dello stato *on* (ossia acceso), dal numero minimo di ore di mantenimento dello stato *off* (spento) e dalla relazione che esprime la potenza termica erogata in funzione della potenza elettrica prodotta. Per ogni cogeneratore è inoltre nota la relazione che esprime il consumo di combustibile in funzione della potenza elettrica erogata e della temperatura dell'aria.

La potenza termica prodotta dalle caldaie e dai cogeneratori viene in parte utilizzata per soddisfare la domanda di calore per riscaldamento (carico termico ad alta temperatura, o di tipo A), in parte immagazzinata nei serbatoi termici, dai quali viene prelevata per soddisfare la domanda di calore per acqua calda sanitaria (carico termico a media temperatura, o di tipo B). Ogni serbatoio termico è caratterizzato da un valore massimo di calore accumulabile e da un coefficiente di perdita nel tempo del calore accumulato; è inoltre caratterizzato da valori orari massimi di potenza assimilabile ed erogabile e da coefficienti di perdita relativi all'immissione e all'erogazione di calore.

La potenza elettrica erogata dai cogeneratori è utilizzata per soddisfare la domanda totale di energia elettrica, comprendente anche l'energia per

8.1 Modello per la gestione ottimizzata dell'impianto   123

alimentare le pompe di calore che producono il freddo. Poiché il sistema è collegato alla rete elettrica nazionale, è possibile sia acquistare energia elettrica sul mercato, sia vendere l'eccedenza di energia alle condizioni definite dalle normative. La programmazione della produzione sull'orizzonte annuale ha l'obiettivo di minimizzare i costi di esercizio al netto dei ricavi di vendita dell'energia elettrica alla rete.

Parametri e variabili

Per la modellazione matematica del sistema si definiscono i seguenti simboli:

- Insiemi di lavoro e relativi indici:

  T, t Insieme ed indice delle ore del periodo di programmazione.

  M, m Insieme ed indice dei cogeneratori.

  B, b Insieme ed indice delle caldaie.

  S, s Insieme ed indice dei serbatoi termici.

- Carichi elettrici e termici (tra parentesi quadre è indicata l'unità di misura utilizzata):

  $L_t^{th,A}$ $[kWh_{th}]$ Domanda di calore ad alta temperatura (o di tipo A) nell'ora t.

  $L_t^{th,B}$ $[kWh_{th}]$ Domanda di calore a media temperatura (o di tipo B) nell'ora t.

  L_t^{ch} $[kWh_{th}]$ Domanda di raffrescamento nell'ora t.

  L_t^{el} $[kWh_{el}]$ Domanda di energia elettrica nell'ora t.

- Dati relativi allo scambio con la rete elettrica nazionale:

  $\overline{W}^a$ $[kW]$ Potenza massima acquistabile dalla rete.

  $\overline{W}^v$ $[kW]$ Potenza massima vendibile alla rete.

  μ_t $[\frac{Euro}{kWh}]$ Prezzo di acquisto dell'energia elettrica nell'ora t.

  λ_t $[\frac{Euro}{kWh}]$ Prezzo di vendita dell'energia elettrica nell'ora t.

- Dati tecnici dei cogeneratori:

  $\underline{W}_m$ $[kW]$ Potenza elettrica minima erogata quando il cogeneratore m è acceso ($\underline{W}_m > 0$).

  $\overline{W}_m$ $[kW]$ Potenza elettrica massima producibile dal cogeneratore m.

  t_m^a $[h]$ Numero minimo di ore di mantenimento dello stato *on* del cogeneratore m.

  t_m^s $[h]$ Numero minimo di ore di mantenimento dello stato *off* del cogeneratore m.

C_m^f $\left[\frac{Euro}{kWh_{fuel}}\right]$ Costo unitario del combustibile utilizzato dal cogeneratore m.

C_m^V $\left[\frac{Euro}{kWh_{el}}\right]$ Costi operativi e di manutenzione per unità di potenza elettrica prodotta dal cogeneratore m.

- Dati relativi alla produzione di freddo:

    COP^f $[-]$ Coefficiente di prestazione frigorifero della pompa di calore.

- Dati tecnici delle caldaie:

    $\overline{\dot{Q}_b}$ $[kW]$ Potenza termica massima producibile dalla caldaia b.

    $f_b^{(1)}$ $\left[\frac{kWh_{fuel}}{kWh_{th}}\right]$ Consumo di combustibile per unità di potenza termica generata dalla caldaia b.

    C_b^f $\left[\frac{Euro}{kWh_{fuel}}\right]$ Costo unitario del combustibile utilizzato dalla caldaia b.

    C_b^V $\left[\frac{Euro}{kWh_{th}}\right]$ Costi operativi e di manutenzione per unità di potenza termica generata dalla caldaia b.

- Dati tecnici dei serbatoi termici:

    $\overline{Q}_s$ $[kWh]$ Calore accumulabile nel serbatoio termico s.

    Q_{s0} $[kWh]$ Calore accumulato nel serbatoio termico s all'inizio della prima ora.

    $\overline{\dot{Q}_s^{in}}$ $[kW]$ Potenza termica massima assimilabile dal serbatoio s.

    $\overline{\dot{Q}_s^{out}}$ $[kW]$ Potenza termica massima erogabile dal serbatoio s.

    l_s^{in} $[-]$ Coefficiente di perdita in ingresso al serbatoio termico s ($0 \leq l_s^{in} \leq 1$).

    l_s^{out} $[-]$ Coefficiente di perdita in uscita dal serbatoio termico s ($l_s^{out} \geq 1$).

    l_s $[1/h]$ Coefficiente di perdita d'accumulo del serbatoio termico s ($0 \leq l_s \leq 1$).

La topologia del sistema di generazione distribuita è descritta dai parametri binari α_m, β_m, α_b, β_b, α_s e β_s, definiti come segue:

- α_m Parametro binario uguale a 1 se la potenza termica erogata dal cogeneratore m può essere utilizzata per soddisfare il carico termico ad alta temperatura, 0 altrimenti.

- β_m Parametro binario uguale a 1 se la potenza termica erogata dal cogeneratore m può essere utilizzata per soddisfare il carico termico a media temperatura, 0 altrimenti.

8.1 Modello per la gestione ottimizzata dell'impianto

In modo analogo sono definiti i parametri binari α_b, β_b, α_s e β_s per le caldaie e per i serbatoi termici.

Per ogni ora del periodo di programmazione il modello deve determinare il dispacciamento dell'impianto che minimizza i costi totali di gestione del sistema, tenendo conto dei costi e dei ricavi derivanti dagli scambi di potenza con la rete elettrica nazionale. Per le variabili decisionali si definiscono i seguenti simboli:

- W_t^a $[kW]$ Potenza elettrica acquistata dalla rete nell'ora t.
- W_t^v $[kW]$ Potenza elettrica venduta alla rete nell'ora t.
- θ_t $[-]$ Variabile binaria utilizzata nei vincoli che rendono mutuamente esclusive le decisioni di acquisto dalla rete e di vendita alla rete nell'ora t, per evitare l'arbitraggio.
- W_{mt} $[kW]$ Potenza elettrica erogata dal cogeneratore m nell'ora t.
- γ_{mt} $[-]$ Stato del cogeneratore m nell'ora t: $\gamma_{mt} = 1$ indica lo stato *on* e $\gamma_{mt} = 0$ indica lo stato *off*.
- $\dot{Q}_{bt}$ $[kW]$ Potenza termica erogata dalla caldaia b nell'ora t.
- $\dot{Q}_{st}^{in}$ $[kW]$ Potenza termica assorbita dal serbatoio s nell'ora t.
- $\dot{Q}_{st}^{out}$ $[kW]$ Potenza termica erogata dal serbatoio s nell'ora t.
- Q_{st} $[kWh]$ Calore accumulato nel serbatoio s nell'ora t.

La relazione tra il calore recuperato e la potenza elettrica erogata dal cogeneratore m è espressa dalla funzione:

$$R_m^{aff}(W_{mt}) = \begin{cases} q_m^{(0)} + q_m^{(1)} \cdot W_{mt} & \text{se } \underline{W}_m \leq W_{mt} \leq \overline{W}_m \\ 0 & \text{se } W_{mt} = 0 \end{cases} \quad (8.1)$$

Se $q_m^{(0)} \neq 0$, utilizzando la variabile binaria γ_{mt}, la relazione tra il calore recuperato e la potenza elettrica erogata è esprimibile mediante la seguente funzione lineare:

$$R_m^{aff}(W_{mt}) = q_m^{(0)} \cdot \gamma_{mt} + q_m^{(1)} \cdot W_{mt}. \quad (8.2)$$

Analogamente, il consumo di combustibile del cogeneratore m è espresso dalla funzione:

$$F_m^{aff}(W_{mt}) = \begin{cases} f_{mt}^{(0)} + f_m^{(1)} \cdot W_{mt} & \text{se } \underline{W}_m \leq W_{mt} \leq \overline{W}_m \\ 0 & \text{se } W_{mt} = 0 \end{cases} \quad (8.3)$$

o, alternativamente,

$$F_m^{aff}(W_{mt}) = f_{mt}^{(0)} \cdot \gamma_{mt} + f_m^{(1)} \cdot W_{mt}. \quad (8.4)$$

L'ordinata all'origine dipende dalla temperatura dell'aria nell'ora t.

Vincoli

In ogni ora $t \in T$ le variabili decisionali relative alle caldaie $b \in B$ e ai serbatoi termici $s \in S$ sono soggette ai vincoli di non negatività e ai rispettivi limiti superiori caratteristici:

$$0 \leq \dot{Q}_{bt} \leq \overline{\dot{Q}_b} \tag{8.5}$$

$$0 \leq \dot{Q}^{in}_{st} \leq \overline{\dot{Q}^{in}_s} \tag{8.6}$$

$$0 \leq \dot{Q}^{out}_{st} \leq \overline{\dot{Q}^{out}_s} \tag{8.7}$$

$$0 \leq Q_{st} \leq \overline{Q}_s. \tag{8.8}$$

Le variabili decisionali devono inoltre soddisfare, per ogni periodo t, i seguenti vincoli funzionali:

- Se il cogeneratore m è acceso nell'ora t, la potenza elettrica erogata è compresa tra il minimo tecnico e il valore massimo producibile; se il cogeneratore è spento, la potenza erogata è nulla:

$$\underline{W}_m \cdot \gamma_{mt} \leq W_{mt} \leq \overline{W}_m \cdot \gamma_{mt}. \tag{8.9}$$

- Se il cogeneratore m viene acceso nell'ora t, non può essere spento prima che siano trascorse t^a_m ore:

$$\sum_{\tau=t+1}^{\min(t+t^a_m-1,|T|)} \gamma_{m\tau} \geq \min\left(t^a_m - 1, |T| - t\right) \cdot (\gamma_{mt} - \gamma_{m,t-1}). \tag{8.10}$$

Illustriamo più nel dettaglio il funzionamento del vincolo (8.10) ipotizzando per semplicità $t^a_m = 3$. Se la differenza tra lo stato corrente γ_{mt} e lo stato precedente $\gamma_{m,t-1}$ è pari a 1 (ad indicare cogeneratore spento in $\gamma_{m,t-1}$ e acceso in γ_{mt}), allora la somma dei successivi due stati $\gamma_{m,t+1}$ e $\gamma_{m,t+2}$ deve essere maggiore o uguale a 2. Questo forza il cogeneratore a rimanere acceso come richiesto. Osserviamo che la sommatoria è estesa al $\min(t + t^a_m - 1, |T|)$ poiché nelle ultime ore la sommatoria arriverà al massimo fino a $|T|$, ossia il termine dell'orizzonte di pianificazione impostato. Questa particolare impostazione del vincolo serve per valutare lo stato nella penultima e ultima ora senza dover scrivere un'equazione apposita.

- Se il cogeneratore m viene spento nell'ora t, non può essere acceso prima che siano trascorse t^s_m ore:

$$\sum_{\tau=t+1}^{\min(t+t^s_m-1,|T|)} (1 - \gamma_{m\tau}) \geq \min\left(t^s_m - 1, |T| - t\right) \cdot (\gamma_{m,t-1} - \gamma_{mt}). \tag{8.11}$$

L'interpretazione di questo vincolo è analoga a quella relativa al vincolo (8.10).

8.1 Modello per la gestione ottimizzata dell'impianto

- In ogni ora t non è possibile contemporaneamente vendere alla rete ed acquistare dalla rete. Questa condizione è espressa dai vincoli di mutua esclusione:

$$0 \leq W_t^v \leq \theta_t \cdot \overline{W}^v, \tag{8.12}$$

$$0 \leq W_t^a \leq (1 - \theta_t) \cdot \overline{W}^a, \tag{8.13}$$

che escludono la possibilità di vendita alla rete, se $\theta_t = 0$, oppure la possibilità di acquisto dalla rete, se $\theta_t = 1$.

- In ogni ora t è richiesta l'uguaglianza tra fonti ed impieghi di potenza elettrica:

$$\sum_{m \in M} W_{mt} + W_t^a = L_t^{el} + \frac{L_t^{ch}}{COP^f} + W_t^v. \tag{8.14}$$

Il carico elettrico totale – dato dalla somma del carico elettrico L_h^{el} e del termine $\frac{L_t^{ch}}{COP^f}$ che rappresenta la domanda oraria di energia elettrica impiegata dalla pompa di calore per soddisfare la domanda di raffrescamento – viene soddisfatto dalla produzione dei cogeneratori, eventualmente integrata con l'acquisto di energia dalla rete. Nelle ore in cui la produzione supera il carico totale, l'eccedenza viene venduta.

- In ogni ora t la somma del calore generato dalle caldaie, prodotto dai cogeneratori e prelevato dai serbatoi, al netto del calore immesso nei serbatoi, deve soddisfare il carico termico totale. La potenza termica prodotta dai cogeneratori dipende linearmente dalla potenza elettrica erogata: poiché quest'ultima deve soddisfare il vincolo di bilancio tra impieghi e fonti di potenza elettrica, può accadere che la produzione di potenza termica sia maggiore di quella necessaria a soddisfare i carichi termici, generando un *surplus termico*. Il vincolo di soddisfacimento del carico termico totale è quindi espresso dalla disequazione:

$$\sum_{m \in M} R_m^{aff}(W_{mt}) + \sum_{b \in B} \dot{Q}_{bt} - \sum_{s \in S} \dot{Q}_{st}^{in} + \sum_{s \in S} \dot{Q}_{st}^{out} \geq L_t^{th,A} + L_t^{th,B}. \tag{8.15}$$

- In ogni ora le caldaie e i cogeneratori devono produrre il calore necessario a soddisfare il carico termico di tipo A:

$$\sum_{m \in M} \alpha_m \cdot R_m^{aff}(W_{mt}) + \sum_{b \in B} \alpha_b \cdot \dot{Q}_{bt} + \sum_{s \in S} \alpha_s \cdot \dot{Q}_{st}^{out} \geq L_t^{th,A}. \tag{8.16}$$

- In ogni ora i serbatoi termici devono erogare il calore richiesto per soddisfare il carico termico di tipo B:

$$\sum_{m \in M} \beta_m \cdot R_m^{aff}(W_{mt}) + \sum_{b \in B} \beta_b \cdot \dot{Q}_{bt} + \sum_{s \in S} \beta_s \cdot \dot{Q}_{st}^{out} \geq L_t^{th,B}. \tag{8.17}$$

- Il calore accumulato nel serbatoio s alla fine dell'ora t è dato dal calore presente all'inizio dell'ora, al netto delle perdite termiche avvenute nel corso dell'ora, più il calore immesso, meno il calore prelevato:

$$Q_{s,t-1} + l_s^{in} \cdot \dot{Q}_{st}^{in} = l_s^{out} \cdot \dot{Q}_{st}^{out} + l_s \cdot Q_{s,t-1} + Q_{st}. \tag{8.18}$$

Nel vincolo di bilancio del serbatoio si tiene conto sia delle perdite proporzionali al flusso di calore in ingresso e in uscita, sia delle perdite nel tempo, proporzionali al calore accumulato. Infatti:
- per ogni kWh immesso, solo una frazione l_s^{in} ($0 \leq l_s^{in} \leq 1$) viene accumulata;
- per ogni kWh da rendere disponibile al consumo, occorre estrarre dal serbatoio l_s^{out} ($l_s^{out} \geq 1$) kWh;
- per ogni kWh accumulato nel serbatoio all'inizio dell'ora, si verifica nel corso dell'ora una perdita di una frazione l_s ($0 \leq l_s \leq 1$).

Funzione obiettivo

La funzione obiettivo esprime i costi totali di generazione della potenza elettrica e della potenza termica e i costi di acquisto dell'energia elettrica dalla rete, al netto dei ricavi derivanti dalla vendita dell'energia elettrica alla rete nell'orizzonte temporale di programmazione. Si compone dei seguenti termini:

- costo di generazione delle caldaie in funzione della potenza termica prodotta: il costo di generazione della caldaia $b \in B$ è rappresentato dall'espressione:

$$C_b^V \cdot \dot{Q}_{bt} + C_b^f \cdot f_b^{(1)} \cdot \dot{Q}_{bt}; \qquad (8.19)$$

- costo di produzione dei cogeneratori in funzione della potenza elettrica prodotta. Il costo di produzione del cogeneratore $m \in M$ è rappresentato dall'espressione:

$$C_m^V \cdot W_{mt} + C_m^f \cdot \left(f_{mt}^{(0)} \cdot \gamma_{mt} + f_m^{(1)} \cdot W_{mt} \right) \qquad (8.20)$$

in cui il primo termine rappresenta i costi operativi e di manutenzione, proporzionali alla potenza elettrica generata, e il secondo termine esprime i costi di combustibile;
- costo di acquisto dell'energia elettrica dalla rete:

$$\sum_{t \in T} (\mu_t \cdot W_t^a); \qquad (8.21)$$

- ricavo dalla vendita dell'energia elettrica alla rete:

$$\sum_{t \in T} (\lambda_t \cdot W_t^v). \qquad (8.22)$$

Riassumendo, la gestione ottima dell'impianto di cogenerazione si determina risolvendo il modello di programmazione lineare mista intera:

$$\min \sum_{m \in M} \sum_{t \in T} \left[C_m^f \cdot F_m^{aff}(W_{mt}) + C_m^V \cdot W_{mt} \right] +$$
$$+ \sum_{b \in B} \left[\left(C_b^f \cdot f_b^{(1)} + C_b^V \right) \cdot \sum_{t \in T} \dot{Q}_{bt} \right] + \quad (8.23)$$
$$+ \sum_{t \in T} (\mu_t \cdot W_t^a) - \sum_{t \in T} (\lambda_t \cdot W_t^v)$$

sotto i vincoli:

- da (8.12) a (8.17), per $t \in T$;
- da (8.9) a (8.11), per $m \in M$ e $t \in T$;
- (8.5), per $b \in B$ e $t \in T$;
- da (8.6) a (8.8) e (8.18), per $s \in S$ e $t \in T$.

Il costo computazionale per determinare una soluzione ottima del modello di programmazione lineare mista intera è funzione delle cardinalità degli insiemi T, M, B e S. Per elevati valori di tali cardinalità può rendersi necessario calcolare una soluzione approssimata mediante la procedura euristica presentata nel prossimo paragrafo.

8.2 Procedura euristica per istanze di grandi dimensioni

Una soluzione approssimata del problema della gestione ottima può essere calcolata mediante la seguente procedura euristica, che si articola in tre fasi:

1. Nella prima fase si risolve il problema di programmazione lineare mista intera ottenuto sotto le seguenti ipotesi:
   a) la relazione tra il calore recuperato e la potenza elettrica erogata dal cogeneratore m nell'ora t è espressa dalla funzione:

   $$R_m^{lin}(W_{mt}) = \left(q_m^{(1)} + \frac{q_m^{(0)}}{\overline{W}_m} \right) \cdot W_{mt}, \quad (8.24)$$

   che approssima la funzione (8.2);
   b) il consumo di combustibile del cogeneratore m è espresso dalla funzione:

   $$F_m^{lin}(W_{mt}) = \left(f_m^{(1)} + \frac{f_{mt}^{(0)}}{\overline{W}_m} \right) \cdot W_{mt}, \quad (8.25)$$

   che approssima la funzione (8.4): i vincoli (8.15), (8.16) e (8.17), che impongono il soddisfacimento delle domande orarie di calore ad alta e media temperatura, sono rispettivamente sostituiti dai vincoli:

$$\sum_{m \in M} R_m^{lin}(W_{mt}) + \sum_{b \in B} \dot{Q}_{bt} - \sum_{s \in S} \dot{Q}_{st}^{in} + \sum_{s \in S} \dot{Q}_{st}^{out} \geq L_t^{th,A} + L_t^{th,B}, \quad (8.26)$$

$$\sum_{m \in M} \alpha_m \cdot R_m^{lin}(W_{mt}) + \sum_{b \in B} \alpha_b \cdot \dot{Q}_{bt} + \sum_{s \in S} \alpha_s \cdot \dot{Q}_{st}^{out} \geq L_t^{th,A}, \quad (8.27)$$

$$\sum_{m \in M} \beta_m \cdot R_m^{lin}(W_{mt}) + \sum_{b \in B} \beta_b \cdot \dot{Q}_{bt} + \sum_{s \in S} \beta_s \cdot \dot{Q}_{st}^{out} \geq L_t^{th,B}; \quad (8.28)$$

c) la potenza elettrica minima erogata dal cogeneratore m è nulla, da cui segue che il vincolo (8.9) diviene:

$$0 \leq W_{mt} \leq \overline{W}_m; \quad (8.29)$$

d) i cogeneratori non sono soggetti a tempi minimi di mantenimento degli stati *on* e *off*, ossia i vincoli (8.10) e (8.11) non sono considerati.

Le quattro ipotesi elencate portano alla definizione del seguente modello di programmazione lineare mista intera:

$$\min \sum_{m \in M} \sum_{t \in T} \left[C_m^f \cdot F_m^{lin}(W_{mt}) + C_m^V \cdot W_{mt} \right] +$$

$$+ \sum_{b \in B} \left[\left(C_b^f \cdot f_b^{(1)} + C_b^V \right) \cdot \sum_{t \in T} \dot{Q}_{bt} \right] + \quad (8.30)$$

$$+ \sum_{t \in T} (\mu_t \cdot W_t^a) - \sum_{t \in T} (\lambda_t \cdot W_t^v)$$

sotto i vincoli:

- da (8.12) a (8.17), per $t \in T$;
- (8.29), per $m \in M$ e $t \in T$;
- (8.5), per $b \in B$ e $t \in T$;
- da (8.6) a (8.8) e (8.18), per $s \in S$ e $t \in T$.

Questo modello semplificato contiene inoltre un minor numero di vincoli rispetto al modello completo: il numero dei vincoli funzionali si riduce da $|T| \cdot (4 \cdot |M| + |S| + 6)$ a $|T| \cdot (|S| + 6)$ e il numero dei vincoli di *bound* passa da $2 \cdot |T| \cdot (1 + |B| + 3 \cdot |S|)$ a $2 \cdot |T| \cdot (1 + |M| + |B| + 3 \cdot |S|)$. Denotiamo con W_{mt}^* le produzioni orarie dei cogeneratori nella soluzione ottima del modello semplificato.

2. Nella seconda fase si determinano gli stati dei cogeneratori nelle ore del periodo di programmazione. A tal fine i parametri binari γ_{mt}^*, per $m \in M$ e $t \in T$, sono inizializzati a 1, se $W_{mt}^* \geq \underline{W}_m$, o a 0, se $W_{mt}^* < \underline{W}_m$. I valori dei parametri γ_{mt}^* sono quindi ridefiniti, se necessario, in modo che i periodi di permanenza nello stato *on* non siano inferiori a t_m^a e i periodi di permanenza nello stato *off* non siano inferiori a t_m^s.

3. Nella terza fase si risolve il modello di programmazione lineare mista intera che si ottiene dal modello completo:
   - eliminando i vincoli (8.10) e (8.11) di minimo tempo di permanenza nello stato *on* e *off*;
   - assegnando i valori γ_{mt}^*, determinati nella seconda fase, alle variabili γ_{mt} nella funzione obiettivo (8.23) e nei vincoli (8.15), (8.16), (8.17) e (8.9).

Si ottiene così una soluzione approssimata del problema della gestione ottima dell'impianto di cogenerazione.

8.3 Dimensionamento e valutazione economica di un sistema di cogenerazione

Il modello di ottimizzazione della gestione può essere utilizzato come strumento di simulazione nella fase di progettazione di un distretto energetico cogenerativo, al fine di determinarne la migliore configurazione dal punto di vista della redditività del sistema. Tale valutazione si articola in due fasi:

1. Mediante la simulazione di un anno di esercizio ottimizzato, si determina il migliore schema di funzionamento del sistema. Si calcola quindi il margine operativo lordo corrispondente ai valori ottimi delle variabili decisionali W_t^a, W_t^v, W_{mt}, γ_{mt} e $\dot{Q}_{bt}$, o del valore ad esse attribuito dalla procedura risolutiva euristica:

$$MOL = \sum_{t \in T} \left[C_b^f \cdot \frac{L_t^{th,A} + L_t^{th,B}}{\eta^{b,rif}} + \mu_t \cdot \left(L_t^{el} + \frac{L_t^{ch}}{COP^f} \right) + \lambda_t \cdot W_t^v \right] +$$
$$- \sum_{t \in T} (\mu_t \cdot W_t^a) - \sum_{b \in B} \left[C_b^{fix} + \sum_{t \in T} \left(C_b^V + C_b^f \cdot f_b^{(1)} \right) \cdot \dot{Q}_{bt} \right] +$$
$$- \sum_{m \in M} \left[C_m^{fix} + \sum_{t \in T} C_m^f \cdot f_{mt}^{(0)} \cdot \gamma_{mt} + \left(C_m^V + C_m^f \cdot f_m^{(1)} \right) \cdot W_{mt} \right] +$$
$$- \sum_{s \in S} C_s^{fix}.$$

(8.31)

Il primo termine è la somma del valore del calore fornito all'utenza e del valore dell'energia elettrica fornita all'utenza, utilizzata dalle pompe di calore e venduta al mercato. Il calore è valorizzato al costo del combustibile necessario per produrre lo stesso calore tramite una caldaia di riferimento, con rendimento $\eta^{b,rif}$. L'energia elettrica fornita all'utenza e utilizzata dalle pompe di calore è valorizzata al prezzo orario di acquisto dalla rete.

L'energia elettrica venduta è valorizzata al prezzo orario di vendita del mercato. Il secondo termine rappresenta il costo di acquisto dell'energia elettrica sul mercato. Il terzo e il quarto termine esprimono i costi annuali, fissi e variabili, relativi alle caldaie e ai cogeneratori rispettivamente. Il quinto termine rappresenta i costi annuali fissi relativi ai serbatoi.

2. Partendo dal bilancio economico dell'anno considerato, si valuta il rendimento dell'investimento netto, ossia il ritorno garantito dall'attività dell'impianto lungo la sua vita economica, che deve ripagare l'investimento iniziale insieme agli interessi sul debito e sul capitale proprio impiegato. La metodologia utilizzata per verificare la convenienza economica dei distretti cogenerativi è basata sull'analisi dei flussi di cassa annuali, secondo le indicazioni contenute nel *Technical Assessment Guide*, versione 1 – Rev. 7, pubblicato nel 1993 dall'Electric Power Research Institute.

9

Modelli per la vendita al dettaglio del gas naturale

Dal 1999 è in atto un processo di liberalizzazione del mercato italiano del gas naturale volto a promuovere l'efficienza e ad introdurre la competizione fra differenti operatori del mercato, con l'obiettivo di assicurare servizi di qualità a prezzi contenuti. La Direttiva Europea sul Gas, che delinea le fasi della liberalizzazione, prevede una separazione fra i soggetti che si occupano dei diversi segmenti della catena del gas naturale: importazione, produzione, esportazione, trasporto e dispacciamento, stoccaggio, distribuzione e vendita. In particolare, dopo la liberalizzazione sono nati i seguenti operatori:

- *grossisti*, che si occupano di produzione, importazione, rigassificazione e commercializzazione all'ingrosso del gas;
- *distributore nazionale*, che si occupa del trasporto sulla rete nazionale e dello stoccaggio del gas;
- *distributori locali*, che gestiscono le reti di distribuzione locale, allacciate alla rete di trasporto nazionale presso un punto di riconsegna detto *city-gate*;
- *rivenditori al dettaglio*, che acquistano il gas dal grossista presso un punto di riconsegna e lo vendono ai consumatori finali localizzati nell'ambito territoriale servito dal punto di riconsegna.

Il problema qui considerato è quello di un rivenditore al dettaglio che acquista il gas naturale dal grossista per soddisfare la domanda di diverse tipologie di consumatori finali (clienti domestici, piccole, medie e grandi imprese) con l'obiettivo di massimizzare il proprio profitto.

Nel 2003 l'Autorità per l'Energia Elettrica e il Gas ha suddiviso i consumatori finali in dieci classi sulla base del consumo annuo:

- nelle prime sei classi sono incluse le utenze domestiche e le attività commerciali, artigianali e industriali di piccola dimensione (i cosiddetti *piccoli consumatori*), per la cui tutela l'Autorità per l'Energia Elettrica e il Gas fissa un prezzo massimo di vendita, che il rivenditore può ridurre applicando uno sconto;

- alle ultime quattro classi appartengono le medie e grandi industrie (i cosiddetti *consumatori industriali*), per i quali il prezzo del gas viene fissato liberamente dal rivenditore al dettaglio.

I profili di prelievo annuo da parte dei piccoli consumatori e dei consumatori industriali presentano caratteristiche sostanzialmente diverse:

- il prelievo dei piccoli consumatori è maggiore nei mesi invernali e minore nei mesi estivi, a causa dell'influenza della temperatura su una parte rilevante della loro domanda di gas naturale;
- il consumo delle medie e grandi industrie è praticamente costante nell'anno, se si escludono le flessioni nei periodi in cui la produzione è interrotta (ad esempio, nel mese di agosto, per le ferie estive).

Se nel punto di riconsegna sono serviti prevalentemente consumatori industriali, il profilo di domanda del *city-gate* tende ad essere costante nel corso dell'anno; se, invece, una parte rilevante del consumo del *city-gate* è legata alla domanda di piccoli consumatori, il prelievo tende a variare di mese in mese. Per descrivere il profilo di consumo del *city-gate* nel corso dell'anno termico si utilizzano i seguenti indicatori:

- il rapporto tra il consumo medio giornaliero e la capacità prenotata, detto fattore di carico del *city-gate*;
- il rapporto tra il consumo dei mesi invernali e il consumo annuo.

Per ogni *city-gate* e per ogni anno termico il rivenditore stipula un contratto d'acquisto con il grossista, nel quale sono definiti:

- il volume di gas richiesto dal rivenditore per il successivo anno termico;
- il volume di gas richiesto dal rivenditore per i mesi invernali (da novembre a marzo);
- il prelievo massimo giornaliero previsto, detto anche *capacità giornaliera prenotata*;
- il prezzo di acquisto del gas richiesto dal grossista;
- gli scaglioni e le percentuali per il calcolo delle penali, che vengono applicate a fine anno dal grossista per ciascun mese invernale in cui il consumo giornaliero abbia superato, in uno o più giorni, la capacità prenotata.

Il profilo di consumo annuo del *city-gate* è fortemente influenzato dalla tipologia di consumatori che compongono l'insieme dei clienti serviti, detto *portafoglio clienti*. Se vengono serviti prevalentemente consumatori industriali, il rivenditore può determinare con maggiore precisione la capacità giornaliera da prenotare e, di conseguenza, saranno minori le penalità da pagare a fine anno per il superamento della capacità giornaliera nei mesi invernali. Se invece una parte rilevante del consumo annuo del *city-gate* è legato alla domanda di piccoli consumatori, il prelievo varia con la temperatura ed è quindi più difficilmente prevedibile: maggiori saranno quindi le penalità da pagare alla fine dell'anno termico.

Il prezzo massimo da richiedere ai piccoli consumatori è fissato dall'Autorità per l'Energia Elettrica e il Gas e può essere eventualmente ridotto dal rivenditore, mediante l'applicazione di uno sconto. Il prezzo richiesto ai consumatori industriali è invece determinato liberamente dal rivenditore e differisce tra le varie classi in dipendenza del contributo di ogni classe al profilo di consumo del *city-gate*. A tal fine sono utilizzati indicatori del profilo di consumo annuo di ogni classe analoghi a quelli definiti per il *city-gate*:

- il rapporto tra il consumo medio giornaliero e il consumo massimo giornaliero, detto fattore di carico della classe;
- il rapporto tra il consumo dei mesi invernali e il consumo annuo.

Per ciascuna classe di consumatori industriali il rivenditore di gas fissa il prezzo di vendita applicando un aumento, detto ricarico, al prezzo di acquisto pagato al grossista e rimodulando il prezzo così ottenuto in funzione del fattore di carico della classe e del rapporto tra consumi invernali e consumi annui della classe.

Per ogni anno termico e per ogni *city-gate* il rivenditore di gas vuole determinare la composizione del proprio portafoglio clienti, ossia quanti consumatori per classe includervi, e la capacità giornaliera da prenotare, al fine di ottenere il massimo profitto annuale. I valori ottimali della capacità da prenotare e dei consumatori da includere nel portafoglio clienti sono determinati sulla base di una previsione dei consumi mensili per ogni tipologia di cliente. In corrispondenza dei valori ottimali calcolati, il modello presentato determina inoltre la domanda di gas del *city-gate*, sia dei mesi invernali che dell'intero anno, e i prezzi di vendita da applicare alle diverse classi di consumo.

Nel seguente paragrafo si suppone che il consumo per ogni tipologia di clienti sia noto con certezza: il modello introdotto per il problema del rivenditore è quindi deterministico. Tale modello può essere generalizzato in modo da tenere conto dell'incertezza dei consumi futuri dei piccoli consumatori, fortemente influenzati dalla temperatura. In tal senso i modelli possono essere utilizzati come strumenti di simulazione di diverse scelte gestionali, quali ad esempio gli sconti applicati ai piccoli consumatori e i ricarichi applicati ai consumatori industriali, per osservarne l'impatto sul profitto annuo.

9.1 Il modello deterministico

Il modello per il rivenditore al dettaglio di gas naturale illustrato di seguito ha lo scopo di determinare:

- il numero di consumatori per classe da inserire nel portafoglio clienti, noto il massimo numero di consumatori per classe che possono essere serviti nel *city-gate*;
- il volume annuo, il volume invernale e la capacità giornaliera da indicare nel contratto con il grossista;

in modo da massimizzare il profitto annuo del rivenditore, tenendo conto dei ricavi dalla vendita del gas, del costo di acquisto e delle penalizzazioni da pagare, qualora la capacità giornaliera venga superata nei mesi invernali.

Parametri e variabili

Il modello di ottimizzazione è espresso in termini dei seguenti insiemi ed indici:

- I, i Insieme e indice dei mesi dell'anno termico.
- J, j Insieme e indice delle classi di consumatori finali, definite dall'Autorità per l'Energia Elettrica e il Gas.
- K, k Insieme e indice degli scaglioni che definiscono il calcolo delle penalizzazioni.
- $I_W \subset I$ Sottoinsieme dei mesi invernali dell'anno termico.
- $J_S \subset J$ Sottoinsieme delle classi di piccoli consumatori.
- $J_L \subset J$ Sottoinsieme delle classi di consumatori industriali.
- $K^- \subset K$ Sottoinsieme degli scaglioni k, $1 \leq k \leq |K| - 1$.

I parametri del modello sono:

- vm_{ij} Previsione del volume di gas prelevato nel mese $i \in I$ da ogni consumatore della classe $j \in J$.
- d_i Numero dei giorni nel mese $i \in I$.
- π_j Prezzo massimo imposto dall'Autorità per l'Energia Elettrica e il Gas a tutela dei piccoli consumatori della classe $j \in J_S$.
- s_j Sconto praticato dal rivenditore ai piccoli consumatori della classe $j \in J_S$ ($0 \leq s_j \leq 1$).
- r_j Ricarico sul prezzo di acquisto del gas applicato dal rivenditore ai consumatori industriali della classe $j \in J_L$ ($r_j \geq 0$).
- $\overline{NC}_j$ Numero massimo di consumatori della classe $j \in J_S$.
- ω_{ik} Ampiezza dello scaglione $k \in K^-$ per il calcolo delle penalizzazioni da pagare nel mese invernale $i \in I_W$.
- q_{ik} Penalità da pagare per unità di superamento appartenenti al k-esimo scaglione nel mese invernale $i \in I_W$, con $q_{ik_1} < q_{ik_2}$ per $k_1 < k_2$.

Sulla base delle previsioni dei volumi di gas prelevati mensilmente da ogni consumatore si calcolano i valori dei seguenti parametri del modello:

- va_j Previsione del volume di gas prelevato nell'anno termico da ogni consumatore della classe $j \in J$, ossia:

$$va_j = \sum_{i \in I} vm_{ij}. \qquad (9.1)$$

9.1 Il modello deterministico

- vw_j Previsione del volume di gas prelevato nei mesi invernali da ogni consumatore della classe $j \in J$:

$$vw_j = \sum_{i \in I_W} vm_{ij}. \tag{9.2}$$

- α_j Rapporto tra il consumo previsto nei mesi invernali e il consumo previsto nell'anno termico di un consumatore industriale della classe $j \in J_L$:

$$\alpha_j = \frac{vw_j}{va_j}. \tag{9.3}$$

- β_j Rapporto tra il consumo medio giornaliero previsto e il consumo massimo giornaliero previsto di un consumatore industriale della classe $j \in J_L$ (detto fattore di carico di un consumatore della classe $j \in J_L$):

$$\beta_j = \frac{va_j}{365 \cdot \max_{i \in I} \left\{ \frac{vm_{ij}}{d_i} \right\}}. \tag{9.4}$$

Le variabili decisionali del modello sono:

- NC_j Numero di consumatori della classe $j \in J$ da inserire nel portafoglio clienti del *city-gate*.
- VM_i Consumo di gas naturale del *city-gate* nel mese $i \in I$.
- VA Consumo annuo di gas del *city-gate* da indicare nel contratto.
- VW Consumo di gas del *city-gate* nei mesi invernali da indicare nel contratto.
- CG Capacità giornaliera da indicare nel contratto.
- S_{ik} Variabile associata allo scaglione $k \in K$ nel calcolo delle penalizzazioni dovute per il mese invernale $i \in I_W$.

Vincoli

Le variabili NC_j devono assumere valore intero non negativo e non superiore al numero massimo di consumatori della classe j che possono essere serviti nel *city-gate*:

$$0 \leq NC_j \leq \overline{NC}_j \quad \text{e intero} \quad j \in J. \tag{9.5}$$

Le variabili decisionali che rappresentano i volumi di gas e la capacità giornaliera devono assumere valori reali non negativi, espressi dai seguenti vincoli:

$$VM_i \geq 0 \quad i \in I, \tag{9.6}$$

$$VA \geq 0, \quad VW \geq 0, \quad CG \geq 0. \tag{9.7}$$

Devono inoltre essere soddisfatti i seguenti vincoli funzionali:

- Il volume richiesto dal *city-gate* nel mese i è la somma dei volumi richiesti dai clienti delle diverse classi di consumatori:

$$VM_i = \sum_{j \in J} (vm_{ij} \cdot NC_j) \qquad i \in I. \qquad (9.8)$$

- I volumi richiesti dal *city-gate* nell'anno termico e nei mesi invernali sono la somma dei volumi mensili dell'anno termico e dei volumi dei mesi invernali rispettivamente:

$$VA = \sum_{i \in I} VM_i, \qquad (9.9)$$

$$VW = \sum_{i \in I_W} VM_i. \qquad (9.10)$$

- Le penalità da pagare a fine anno termico sono calcolate scomponendo la differenza tra consumo giornaliero e capacità prenotata nella somma dei $|K|$ addendi S_{ik}. Il valore delle penalità da pagare è ottenuto moltiplicando ciascun addendo per la penalizzazione unitaria q_{ik} corrispondente:

$$\sum_{i \in I_w} \sum_{k \in K} q_{ik} \cdot S_{ik}. \qquad (9.11)$$

La differenza tra consumo giornaliero e capacità prenotata è decomposta nella somma dei $|K|$ addendi S_{ik} mediante i vincoli:

$$\sum_{j \in J} \left(\frac{vm_{ij}}{d_i} \cdot NC_j \right) - CG \leq \sum_{k \in K} S_{ik} \qquad i \in I_W, \qquad (9.12)$$

$$0 \leq S_{ik} \leq \omega_{ik} \cdot CG \qquad i \in I_W \qquad k \in K. \qquad (9.13)$$

Infatti, supponiamo che sia:

$$CG \cdot \sum_{k=1}^{\hat{k}} \omega_{ik} \leq \sum_{j \in J} \left(\frac{vm_{ij}}{d_i} \cdot NC_j \right) - CG \leq CG \cdot \sum_{k=1}^{\hat{k}+1} \omega_{ik}. \qquad (9.14)$$

La penalità totale da pagare sull'eccedenza $\sum_{j \in J} \left(\frac{vm_{ij}}{d_i} \cdot NC_j \right) - CG$ è la somma delle penalità calcolate sui singoli scaglioni k, $1 \leq k \leq \hat{k}$. Essendo:

$$q_{ik_1} < q_{ik_2} \qquad \text{per} \qquad k_1 < k_2, \qquad (9.15)$$

segue che:

$$S_{ik} = \begin{cases} \omega_{ik} \cdot CG & 1 \leq k \leq \hat{k} - 1 \\ \sum_{j \in J} \left(\frac{vm_{ij}}{d_i} \cdot NC_j \right) - CG \cdot \gamma^{\hat{k}} & k = \hat{k} \\ 0 & \hat{k} + 1 \leq k \leq K \end{cases} \qquad (9.16)$$

dove abbiamo posto:

$$\gamma^{\hat{k}} = 1 + \sum_{k=1}^{\hat{k}-1} \omega_{ik}. \qquad (9.17)$$

Infatti, a causa delle relazioni (9.15), qualunque altra scomposizione nella somma di K addendi che soddisfi i vincoli (9.12) e (9.13) corrisponde ad una penalità maggiore: poiché una scomposizione diversa dalla (9.16) produce una soluzione subottimale, l'unica scomposizione utilizzata nella soluzione ottima è la (9.16).

Funzione obiettivo

La funzione obiettivo rappresenta il profitto annuo del rivenditore di gas ed è costituita da due termini di ricavo, R_S e R_L, e da due termini di costo, C_A e C_P:

- Il termine C_P rappresenta le penalità da pagare alla fine dell'anno termico:

$$C_P = \sum_{i \in I_w} \sum_{k \in K} q_{ik} \cdot S_{ik}. \qquad (9.18)$$

- Il termine C_A rappresenta i costi per l'acquisto del gas naturale:

$$C_A = \left(q + m \cdot \frac{VA}{365 \cdot CG} \right) \cdot VA, \qquad (9.19)$$

dove

$$\frac{VA}{365 \cdot CG} \qquad (9.20)$$

è il fattore di carico del *city-gate*, dipendente dai prelievi dei consumatori nel corso dell'anno, e

$$P^A = q + m \cdot \frac{VA}{365 \cdot CG} \qquad (9.21)$$

è il prezzo di acquisto del gas naturale richiesto dal grossista. I valori dell'intercetta q e della pendenza m, che definiscono la relazione lineare tra prezzo di acquisto e fattore di carico del *city-gate*, sono ottenuti con regressione lineare su dati storici, non essendo nota al rivenditore la relazione utilizzata dal grossista per determinare il prezzo in dipendenza del fattore di carico del *city-gate*.

- Il termine R_L rappresenta i ricavi annui dalla vendita di gas naturale ai consumatori industriali:

$$R_L = \sum_{j \in J_L} P_j^L \cdot va_j \cdot NC_j, \qquad (9.22)$$

dove

$$P_j^L = P^A + r_j - c_1 \cdot \left(1 - \frac{VA}{\beta_j \cdot 365 \cdot CG}\right) - c_2 \cdot \left(\frac{VW}{VA} - \alpha_j\right) \quad (9.23)$$

è il prezzo applicato dal rivenditore ai consumatori industriali della classe $j \in J_L$. Tale prezzo è determinato dal modello applicando il ricarico r_j al prezzo di acquisto P^A e rimodulando il prezzo ottenuto in funzione del fattore di carico β_j della classe j e del rapporto α_j tra consumi invernali e consumi annui della classe j.
La rimodulazione in funzione del fattore di carico è effettuata dal termine:

$$-c_1 \cdot \left(1 - \frac{VA}{\beta_j \cdot 365 \cdot CG}\right), \quad (9.24)$$

dove c_1 è un coefficiente positivo assegnato dal rivenditore: il segno del termine (9.24) è negativo, comportando una riduzione di P^A, se il fattore di carico della classe j è maggiore del fattore di carico del *city-gate*, ed è positivo, comportando un aumento di P^A, altrimenti.
Analogamente, la rimodulazione in funzione del rapporto α_j è effettuata dal termine:

$$-c_2 \cdot \left(\frac{VW}{VA} - \alpha_j\right), \quad (9.25)$$

dove c_2 è un coefficiente positivo assegnato dal rivenditore: il segno del termine (9.25) è negativo se il rapporto α_j della classe j è minore del rapporto tra consumi invernali e consumi annuali del *city-gate* ed è positivo altrimenti.

- Il termine R_S rappresenta i ricavi annui dalla vendita di gas naturale ai piccoli consumatori:

$$R_S = \sum_{j \in J_S} \pi_j \cdot (1 - s_j) \cdot va_j \cdot NC_j, \quad (9.26)$$

dove

$$P^S = \pi_j \cdot (1 - s_j) \quad (9.27)$$

è il prezzo applicato dal rivenditore ai piccoli consumatori della classe $j \in J_S$, ossia il prezzo massimo imposto dall'Autorità per l'Energia Elettrica e il Gas, eventualmente scontato applicando il fattore di sconto s_j.

Osserviamo che sia i costi d'acquisto del gas naturale, rappresentati dalla (9.19), che i ricavi di vendita ai consumatori industriali, espressi dalle (9.22) e (9.23), sono non lineari. Si ottiene perciò un modello di programmazione non lineare a numeri interi. È possibile formulare il modello in modo che le non linearità compaiano solo nella funzione obiettivo e che tutti i vincoli siano lineari. Tale formulazione è:

$$\max \sum_{j \in J_S} [\pi_j \cdot (1 - s_j) \cdot va_j \cdot NC_j] + \sum_{j \in J_L} \left\{ \left[q + m \cdot \frac{VA}{365 \cdot CG} + r_j + \right. \right.$$
$$\left. \left. -c_1 \cdot \left(1 - \frac{VA}{\beta_j \cdot 365 \cdot CG} \right) - c_2 \cdot \left(\frac{VW}{VA} - \alpha_j \right) \right] \cdot va_j \cdot NC_j \right\} + \quad (9.28)$$
$$- \left(q + m \cdot \frac{VA}{365 \cdot CG} \right) \cdot VA - \sum_{i \in I_w} \sum_{k \in K} q_{ik} \cdot S_{ik}$$

sotto i vincoli da (9.5) a (9.10), (9.12) e (9.13). Questa formulazione consente di utilizzare metodi risolutivi specializzati che sfruttano la linearità dei vincoli.

In conclusione, osserviamo che il modello presentato può essere generalizzato per rappresentare in modo esplicito la dipendenza dalla temperatura dei prelievi mensili dei piccoli consumatori. In questo modo, considerando diversi scenari futuri di temperatura è possibile modellizzare l'incertezza dei consumi di gas. Tale estensione risulta però al di là degli obiettivi di questo libro.

Bibliografia

[1] Allevi, E., Bertocchi, M., Vespucci, M.T., & Innorta, M.(2007). A mixed integer nonlinear optimization model for gas sale company. *Optimization Letters, 1*(1), 61–69.

[2] Allevi, E., Bertocchi, M., Vespucci, M.T., & Innorta, M. (2008). A stochastic optimization model for a gas sale company. *IMA Journal of Management Mathematics, 19*(4), 403–416.

[3] Armanasco, F., Brignoli, V., Marzoli, M., Perego, O., Scagliotti, M., Campanari, S., Colombo, L., & Silva, P. (2006). Analisi tecnico-economica e sperimentazione di sistemi cotrigenerativi. Tech. Rep. RdS n06007178 W.P. 1.1 – RSE (www.rse-web.it).

[4] Beale, E., & Tomlin, J. (1970). Special facilities in a general mathematical programming system for nonconvex problems using ordered sets of variables. In: *Proceedings of the Fifth International Conference on Operational Research* (pp. 447–454). Londra: Tavistock Publications.

[5] Bektas, T. (2006). The multiple traveling salesman problem: an overview of formulations and solution procedures. *Omega, 34*(3), 209–219.

[6] Berman, O., & Krass, D. (2002). Locating multiple competitive facilities: Spatial interaction models with variable expenditures. *Annals of Operations Research, 111*, 197–225.

[7] Brandimarte, P., & Zotteri, G. (2007). *Introduction to Distribution Logistics*. Hoboken, NJ: Wiley-Interscience.

[8] Brandolese, A., Pozzetti, A., & Sianesi, A. (1991). *Gestione della Produzione Industriale*. Milano: Hoepli.

[9] Campanari, S., Chiesa, P., & Silva, P. (2007). Performance assessment of cogeneration systems for industrial district applications. In: *Proceedings of ASME*, Montreal, maggio 2007.

[10] Cavalieri, S., & Pinto, R. (2007). *Orientare al Successo la Supply Chain*. Torino: Isedi.

[11] Chemelli, C., Gelmini, A., & Marciandi, M. (2009). Applicativo software per la definizione fuori linea dell'ottimo tecnico-economico nell'impiego di risorse energetiche afferenti ad una microrete – Gendisplan. RdS n08005854 – RSE (www.rse-web.it).

[12] Keha, A.B., Khowala, K., & Fowler, J.W. (2009). Mixed integer programming formulations for single machine scheduling problems. *Computers & Industrial Engineering, 56*(1), 357–367.
[13] Kulkarni, R.V., & Bhave, P.R. (1985). Integer programming formulations of vehicle routing problems. *European Journal of Operational Research,* 20 (settembre 1983), 58–67.
[14] Maggioni, F., Vespucci, M.T., Allevi, E., Bertocchi M., & Innorta, M. (2007). A gas retail stochastic optimization model by mean reverting temperature scenarios. *Communications to SIMAI Congress* (on-line).
[15] Maggioni, F., Vespucci, M.T., Allevi, E., Bertocchi, M.I., Giacometti, R., & Innorta, M. (2009). A stochastic optimization model for gas retail with temperature scenarios and oil prices. *IMA Journal of Management Mathematics, 21*(2), 149–163.
[16] Martini, A., Pelacchi, P., Pellegrini, L., Cazzol, M., Garzillo, A., & Innorta, M. (2001). A simulation tool for short term electricity markets. In: *Proceedings of the 22nd IEEE Power Engineering Society International Conference on Power Industry Computer Applications* (pp. 112–117). Sidney: IEEE.
[17] Melo, M.T., Nickel, S., & Saldanha-da-gama, F. (2009). Facility location and supply chain management – A review. *European Journal of Operational Research, 196*(2), 401–412.
[18] Michalewicz, Z., & Fogel, D.B. (2004). *How to Solve it: Modern Heuristics*, 2ª ed. Berlino-Heidelberg: Springer.
[19] Miller, C.E., Tucker A.W., & Zemlin, R.A. (1960). Integer Programming Formulation of Traveling Salesman Problems. *Journal of the ACM, 7*(4), 326–329.
[20] Pinedo, M. (2008). *Scheduling Theory, Algorithms, and Systems*, 3ª ed. New York: Springer.
[21] Tansel, B.C., Francis, R.L., & Lowe, T.J. (1983). Location on metworks: A survey. Part I: The p-center and p-median problems. *Management Science, 29*(4), 482–497.
[22] Timpe, C.H., & Kallrath, J. (2000). Optimal planning in large multi-site production networks. *European Journal Of Operational Research, 126*(2), 422–435.
[23] Read, E. (1996). OR modelling for a deregulated electricity sector. *International Transactions in Operational Research, 3*(2), 129–137.
[24] Scheble, G., & Fahd, G. (1994). Unit commitment literature synopsis. *IEEE Transactions on Power Systems, 9*(1), 128–135.
[25] Sen, S., & Kothari, D. (1998). Optimal thermal generating unit commitment: A review. *International Journal of Electrical Power and Energy Systems, 20*(7), 443–451.
[26] Serafini, P. (2009). *Ricerca Operativa*. Milano: Springer.
[27] Sherali, H.D., & Driscoll, P.J. (2002). On tightening the relaxations of Miller-Tucker-Zemlin formulations for asymmetric traveling salesman problems. *Operations Research, 50*(4), 656–669.

[28] Ventosa, M., Baillo, A., Ramos, A., & Rivier, M. (2005). Electricity market modeling trends. *Energy Policy, 33*(7), 897–913.
[29] Vercellis, C. (1997). *Modelli e Decisioni*. Bologna: Progetto Leonardo.
[30] Vespucci, M.T., & Innorta, M. (2008). Decision support models for scheduling conventional and renewable resources of a power producer in the liberalized electric energy market. In: *Proceedings of the iEMSs (International Environmental Modelling and Software Society) Fourth Biennial Meeting: International Congress on Environmental Modelling and Software* (pp. 1297–1305), Barcellona, luglio 2008.
[31] Vespucci, M.T., Corchero, C., Innorta, M., & Heredia, F.J. (2009). A decision support procedure for the short-term scheduling problem of a generation company operating on day-ahead and physical derivatives electricity markets. In: *Proceedings of the 11th International Conference on the Modern Information Technology in the Innovation Processes of the Industrial Enterprises (MITIP)* (pp. 51–58), Bergamo, ottobre 2009.
[32] Vespucci, M.T., Maggioni, F., Bertocchi, M.I., & Innorta, M. (2010). A stochastic model for the daily coordination of pumped storage hydro plants and wind power plants. *Annals of Operations Research* (on-line).
[33] Vespucci, M.T., Zigrino, S., Bazzocchi, F., & Gelmini, A. (2011). A software tool for the optimal planning and the economic evaluation of residential cogeneration districts. *Quaderni del Dipartimento di Ingegneria dell'informazione e metodi matematici*, n. 3/MS.
[34] Williams, P.H. (2008). *Model Building in Mathematical Programming*, 4^a ed. Chichester: Wiley.

Indice analitico

albero degli scenari, 117
allocazione
– attività alle risorse, 66
– customer allocation, 4
– dei clienti, 4
– dei prodotti, 19
– nel tempo, 66
– sequenziamento, 66
approssimazione funzioni quadratiche, 111

backlog, 34
big M, *vedi* upper bound
bin packing problem, *vedi* BPP
BPP, 85, 86

capacità dipendente dal setup, 62
capacitated facility location problem, *vedi* CFLP
carico residuo, 114
CFLP, 12
city-gate, 133
coefficiente energetico, 101
consumatori industriali, 134
costo
– del combustibile, 124
– dello stock, 37, 39
– di attivazione, 8, 13, 27, 104
– di backlog, 37, 39
– di manutenzione, 124
– di produzione, 19, 24
– di setup, 34, 55
– di trasporto, 8, 22, 24, 84, 92
– funzione della distanza, 85

customer allocation, 4
customer choice, 4

dispacciamento (problema del), 109, 125
due date, 35, 68

earliness, 71
economie di scala, 34, 83

facility location, 3
flow shop, 25, 67
fonti non rinnovabili, 100
fonti rinnovabili, 99

grafo
– completo, 87
– grado dei nodi, 88
– multi-grafo orientato, 101

impianti di cogenerazione, 121
indegree, 88
indicatori di consumo, 135

job shop, 67

lateness, 68
linearizzazione funzione obiettivo, 79
localizzazione, 4
– su rete, 4
– decisioni di, 3
– obiettivo, 3
– scopo, 5
logica pull pura, 73
logica push-pull, 73

macchina singola
- formulazione con variabili di completion time, 70
- formulazione con variabili posizionali e di assegnamento, 72
- schedulazione, 70
makespan, 68
manufacturing strategy, 19
maximal covering problem, *vedi* MCL
MCL, 14
MTZ, *vedi* TSP
multi-TSP, 91

network location, *vedi* localizzazione
network produttivo, 19, 24, 30
- multi-livello, 23

obiettivi schedulazione, 68
- bilanciamento con possibilità di backlog, 80
- bilanciamento saturazione, 75
- minimizzare il lateness massimo, 69, 71
- minimizzare il lateness medio, 68
- minimizzare il makespan, 68
- minimizzare il tardiness medio, 68
- minimizzare numero ordini in ritardo, 68
offerta aggregata oraria, 99
open shop, 67
ordine di merito, 99, 114
ottimizzazione multi-obiettivo, 80
- prioritizzazione degli obiettivi, 81
outdegree, 88
outsourcing, 3

p-center, 5, 15
- obiettivo min-max, 15
p-cover, 5, 14
- distanza critica, 14
- raggio di copertura, 14
p-median, 5, 12
- obiettivo min-sum, 13
parallel machine scheduling, 67
pianificazione
- della produzione, 33, 51, 109
- della produzione di energia elettrica, 99
- microrete di cogenerazione, 121

- multi-periodo, 33
- multi-sito, 19
- obiettivo, 33
piano di produzione, *vedi* pianificazione
piccoli consumatori, 133
pick-up point, *vedi* VRP
portafoglio clienti, 134
- composizione, 135
preemption, 70
price-maker, 100, 113
price-taker, 100, 109
problema min-max, 69
processo
- di colata, 35
- di iniezione, 52
- di lavorazione, 25
- di plastificazione, 52
- di schedulazione, 65
- di stampaggio, 52
- di trasporto, 83
- distributivo, 23
- produttivo, 20, 35
programmazione della produzione, *vedi* pianificazione
programmazione stocastica, 117
- albero degli scenari, 117

release date, 70, 76
resa energetica, 101
risorse tecnologiche
- configurabili, 53
- flessibilità, 51
routing, 67

schedulazione, 59
- carico effettivo, 77
- carico medio teorico, 77
- earliness, 71
- euristica, 82
- macchina singola, 67, 70
- macchine parallele, 67
- multipla fase, 67
- obiettivi, 68
- preemption, 70
- processo di, 65
- release date, 70
- senza backlog, 74
- singola fase, 67
scheduling, *vedi* schedulazione

sequenziamento, *vedi* allocazione
setup
– dipendente dalla sequenza, 66
– mascherato, 55, 62
single machine scheduling, 67
sistema logistico, 3
– distribuzione, 6
– progettazione, 5
SOS2, 114
special ordered set of type 2, *vedi* SOS2
supply chain, 3

tardiness, 68
time bucket, 34
time window, *vedi* VRP
trasformazione input, 57
trasporto
– con aggregazione di clienti, 83
– punto a punto, 83
traveling salesman problem, *vedi* TSP
TSP, 86, 87
– circuito hamiltoniano, 87
– formulazione MTZ, 89
– multi-TSP, 91
– subtour, 88
– subtours breaking contraints, 89
– vincoli, 87

ubicazione, *vedi* localizzazione
UFLP, 7, 13
uncapacitated facility location problem, *vedi* UFLP
unit commitment (problema dello), 109
unità termica, 104
upper bound, 10, 27, 44, 71
– eliminazione, 10

vehicle routing problem, *vedi* VRP
vincolo
– condizionale, 48

– di assegnamento, 72, 77, 106
– di bound, 10
– di cambio risorsa, 42, 59, 61
– di capacità, 7, 12, 25, 40, 60, 103
– di compatibilità, 45
– di conservazione del flusso, 26, 42, 57, 127
– di conservazione di massa, 103
– di continuità, 106
– di convessità, 115
– di copertura, 14
– di disponibilità delle risorse, 57
– di domanda, 9, 13, 26, 40, 127
– di legame, 43, 58, 107
– di minima permanenza fuori servizio, 107, 126
– di minima permanenza in servizio, 107, 126
– di minimo invaso, 102
– di minimo tecnico, 104
– di mutua esclusione, 127
– di potenza massima, 104
– di saturazione, 34, 58, 59
– di sequenza, 71
– di setup, 39
– numero nodi attivi, 10, 16, 29
– sul backlog, 42, 44
– sul grado dei nodi di un grafo, 88
– sull'energia disponibile, 103
– sulla release date, 73
– sulla variazione massima di potenza generata, 104
– sulle portate, 103
VRP, 83
– circuito, 84
– elementi principali, 84
– percorso ottimo, 84
– pick-up point, 85
– time window, 85
– vincoli, 85

Unitext – Collana di Ingegneria

A. Carotti
Meccanica delle strutture e Controllo attivo strutturale (2a Ed.)
2006, XIV+428 pp, ISBN 978-88-470-0332-3

G. Riccardi, D. Durante
Elementi di fluido dinamica. Un'introduzione per l'Ingegneria
2006, XIV+394 pp, ISBN 978-88-470-0483-2

M. De Magistris, G. Miano
Circuiti. Fondamenti di circuiti per l'Ingegneria
2007, XVI+486 pp, ISBN 978-88-470-0537-2

F. Babiloni, V. Meroni, R. Soranzo
Neuroeconomia, neuromarketing e processi decisionali nell'uomo
2007, X+164 pp, ISBN 978-88-470-0715-4

D. Milanato
Demand Planning. Processi, metodologie e modelli matematici
per la gestione della domanda commerciale
2008, XIV+600 pp, ISBN 978-88-470-0821-2

S. Beretta
Affidabilità delle costruzioni meccaniche
2009, X+276 pp, ISBN 978-88-470-1078-9

S. Longo, M.G. Tanda
Esercizi di Idraulica e di Meccanica dei Fluidi
2009, VI+386 pp, ISBN 978-88-470-1347-6

A. Giua, C. Seatzu
Analisi dei sistemi dinamici (2a Ed.)
2009, XVI+566 pp, ISBN 978-88-470-1483-1

P.C. Cacciabue
Sicurezza del Trasporto Aereo
2010, X+274 pp, ISBN 978-88-470-1453-4

D. Capecchi, G. Ruta
La scienza delle costruzioni in Italia nell'Ottocento
2011, XII+358 pp, ISBN 978-88-470-1713-9

S. Longo
Analisi Dimensionale e Modellistica Fisica
2011, XII+370 pp, ISBN 978-88-470-1871-6

R. Pinto, M.T. Vespucci
Modelli decisionali per la produzione, la logistica e i servizi energetici
2011, XIV+150 pp, ISBN 978-88-470-1790-0

La versione online dei libri pubblicati nella serie è disponibile su SpringerLink. Per ulteriori informazioni, visitare il sito:
http://www.springer.com/series/7281

Editor in Springer:
F. Bonadei
francesca.bonadei@springer.com

If you have any concerns about our products,
you can contact us on
ProductSafety@springernature.com

In case Publisher is established outside the EU,
the EU authorized representative is:
**Springer Nature Customer Service Center GmbH
Europaplatz 3, 69115 Heidelberg, Germany**

Printed by Libri Plureos GmbH
in Hamburg, Germany